Bian Zhu
Wu Pengcheng

武鹏程 ◎ 编著

SHI JIE HAI JING

绝美
世界海景

非凡
海洋

Fei Fan Hai
Yang

海洋出版社
北京

图书在版编目(CIP)数据

绝美世界海景 / 武鹏程编著. — 北京：海洋出版

社，2025. 1. — ISBN 978–7–5210–1332–0

Ⅰ . P7–49

中国国家版本馆CIP数据核字第20244R4B93号

非 凡 海 洋 大 系

绝美世界

海景

JUEMEI SHIJIE
HAIJING

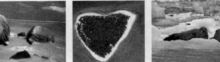

总 策 划：刘　斌	总 编 室：(010) 62100034	
责任编辑：刘　斌	网　　址：www.oceanpress.com.cn	
责任印制：安　淼	承　　印：保定市铭泰达印刷有限公司	
排　　版：申　彪	版　　次：2025年1月第1版	
出版发行：海洋出版社	2025年1月第1次印刷	
地　　址：北京市海淀区大慧寺路8号	开　　本：787mm×1092mm　　1/16	
100081	印　　张：14.25	
经　　销：新华书店	字　　数：276千字	
发 行 部：(010) 62100090	定　　价：68.00元	

本书如有印、装质量问题可与发行部调换

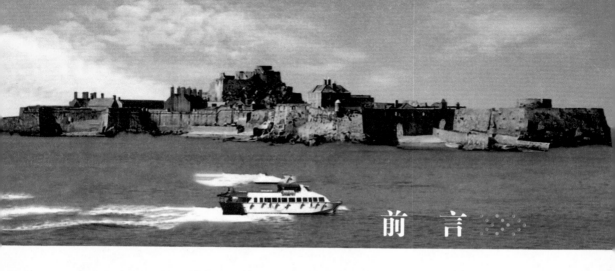

前　言

　　"每一次难过的时候，就独自看一看大海……"正如歌星许巍在歌曲《曾经的你》中所唱的，海洋有一种魔力，让人在无数海浪的奔袭中获得向上的力量……

　　在乌鲁瓦图断崖处，看着崖底汹涌的波涛，听着传说中凄美的爱情故事，让人心中产生一种珍惜当下生活的感悟；烦了、累了就去猪岛，感受岛上小猪们完全不同的生活，它们天天"躺平"，热了泡泡海水澡，饿了朝游客卖卖萌，就可以获得食物，让每天处于快节奏生活中的人们，体验到另外一种完全不同的生活。

　　还可以前往阿尔加维海滩，在湛蓝的海水之间，那一块块沧桑的巨石上面布满了一道道岁月的蚀纹，再坚硬的石头在时间面前都是如此脆弱，生活中的那些琐事、不忿或是不开心与之相比又算得了什么呢？

　　平实的生活，自己就是主宰，人总想"仗剑走天涯"，可哪有那么多"梦想如花"？繁华易逝，烟花易冷，不如追寻海洋的脚步，感受色彩缤纷的绝美海景，不失为一种快乐。

　　本书将带领大家探寻世界上的绝美海景，通过图文并茂的方式，带给人们身临其境的感受，希望通过阅读本书，在大家下一次的旅行计划中，有更多不一样的选择。

目 录

亚洲篇

矗立海边的小教堂 圣母礁岩 / 2

观海听涛之地 乌鲁瓦图断崖 / 5

巴厘岛的标志性景观 海神庙 / 8

与众不同的"颓废美" 布拉波海滩 / 13

欣赏大自然雄伟的气势 万座毛 / 15

狂欢者的乐园 芭东海滩 / 17

泰国"小桂林" 攀牙湾 / 19

领略原始、纯粹的海景 卡马拉海滩 / 22

世界上最美荧光海滩之一 瓦度岛 / 25

最美的珍珠海滩 兰卡威珍南海滩 / 27

最美的观日地 日出海滩和日落海滩 / 30

火焰与海水构成的绝美景致 马荣火山 / 34

落差 1000 米的海底悬崖 巴里卡萨大断层 / 38

场面壮观，难得一见 西巴丹岛海狼风暴 / 40

海底 48 尊雕塑 M 岛 / 43

世界上最漂亮的迷你岛 南园岛 / 45

给人一种与世隔绝的感觉 玛雅湾 / 47

美洲篇

地球的尽头 圣卢卡斯角 / 50

海洋之眼的美妙 伯利兹蓝洞 / 54

猪的天堂 猪岛 / 56

世界上最性感的沙滩 粉色沙滩 / 59

使其成名的并非美景 迈阿密南滩 / 61

人间伊甸园 巴拉德罗海滩 / 64

最壮丽的落日海滩 尼格瑞尔海滩 / 67

世界尽头 乌斯怀亚 / 70

绝美的撼世之作　大脚丫岛 / 74

宏伟壮观的基督像　基督山 / 76

度蜜月的最理想选择　海螺贝壳屋 / 79

让人想象不到的美　布拉格堡玻璃海滩 / 82

世界上最高的潮汐所在地　芬迪湾 / 84

童话中的海底小屋　朱尔斯海底小屋 / 89

非洲篇

隐秘而神秘的岛屿　管风琴岩岛 / 92

唯一知名的"海盗坟场"　布拉哈岛 / 95

世界最美的沙滩之一　德阿让海滩 / 98

最深邃的凝视　萨尔岛蓝眼睛 / 101

神奇的归墟之地　毛里求斯海底瀑布 / 103

非洲大陆海角　好望角 / 106

和鲸一同嬉戏　赫曼努斯 / 109

令世界倾倒的"地狱之门"　骷髅海岸 / 111

和海豚做恋人　海豚湾 / 114

看热带的企鹅王国　南非企鹅滩 / 116

冒险者的天堂　布道石 / 143

刷爆朋友圈的地方　阿尔加维海滩 / 145

世界奇观，玄武岩石柱　巨人之路 / 148

世界上最善变的海滩　尖角海滩 / 151

《红猪》中的秘境　斯塔尼瓦海湾 / 152

第一座靠裸体海滩出名的海岛　拉布岛 / 154

欧洲篇

太阳神巨像　罗德岛 / 120

神秘的女妖岛　卡普里岛 / 123

三蓝之一　马耳他蓝湖 / 126

神奇的岛中岛　伊丽莎白城堡 / 128

精灵打造的童话世界　大间歇泉 / 130

末日狂暴之美　维克黑沙滩 / 133

欧洲最大的观鸟悬崖　拉特拉尔角 / 135

通往天堂的地方　圣托里尼红沙滩 / 138

享受爱琴海风情　卡马利黑沙滩 / 140

这里的大海会弹琴　海风琴 / 156

站在世界边缘的灯塔　内斯特角灯塔 / 158

现实中的天空之城　金角湾 / 160

来自上帝之手的杰作　大教堂海滩 / 163

陆止于此，海始于斯　罗卡角 / 166

纤尘不染的希腊蓝宝石　沉船湾 / 168

洒落在地中海的明珠　天使湾 / 170

意大利最美海滩　兔子海滩 / 172

大洋洲篇

小人国王后的沐浴处　王后浴缸 / 174

天边的那一抹红　夏威夷红沙滩 / 176

火山女神的眼泪　绿沙滩 / 178

最具活力的激情沙滩　威基基海滩 / 180

"夏威夷最理想的潜水地"之一　恐龙湾 / 182

"世界五大奇景"之一　喷水海岸 / 184

天堂也不过如此　斐济珊瑚海岸 / 186

爱心海岛　塔法卢阿岛 / 187

轮廓分明的半月形海湾　酒杯湾 / 188

地球上最热烈的石头乐园　火焰湾 / 190

世界上最奢侈的海滩　贝壳海滩 / 192

澳洲最大的一个粉红湖　赫特潟湖 / 194

正在消失的风景　十二门徒岩 / 196

波涛汹涌中的天然避风港　洛克阿德大峡谷 / 198

奇怪的大圆石头蛋　摩拉基大圆石 / 201

悉尼最上镜的海滩　小姐湾海滩 / 204

上帝的水下"藏宝箱"　百年干贝城 / 206

水中的七彩祥云　水母湖 / 208

最美日落、日出　情人崖 / 211

南极洲篇

最接近天堂的地方　天堂湾 / 214

世界尽头的暴风走廊　德雷克海峡 / 218

亚洲篇

矗立海边的小教堂

圣母礁岩

这里有碧海、蓝天、椰林、长长的白沙滩，周围的海水清澈而透明，在阳光照射之下犹如人间仙境。

[长滩岛如一根长长的骨头]

长滩岛属于典型的热带海洋气候，每年的 11 月至次年 5 月是这里的旅游旺季，气温为 25～28℃，也是长滩岛的旱季。长滩岛的旅游淡季为 6—10 月，气温为 22～32℃，也是这里的雨季。

圣母礁岩位于菲律宾中部的长滩岛。长滩岛距离马尼拉以南约 315 千米，是菲律宾中部的一座岛屿，整体呈狭长形，它犹如一根骨头，两头大、中间窄，最窄处只有 1000 米左右，面积仅约 10 平方千米。整座岛长 7 千米，布满了各色海滩。

圣母礁岩由一块巨大的火山熔岩形成，其矗立在海中，当地居民在上面盖了一座小教堂，实际上，顶多算个佛龛，里面供奉了一尊圣母像，所以取名圣母礁岩，这是长滩岛上的标志性景点。

[如同佛龛大小的超小教堂]　　　[圣母礁岩上的圣母像]

　　随着潮水涨落，圣母礁岩时而立于海水之中，时而立于沙滩一隅，退潮的时候，可以沿着海滩直接走到礁岩处。爬上礁岩，朝南能清楚眺望长达 4 千米、从北向南延伸的白色沙滩，这些白沙是由大片珊瑚磨碎后冲刷而成的。沙滩平缓舒展，沙质洁白细腻，即使在骄阳似火的正午时分，沙子也不会形成刺眼的洁白色，而是呈现银白的珠光色，若是光脚踩在沙滩上，还会有清凉之

　　2007 年，长滩岛在雅虎旅游"世界最受欢迎海滩"的评选中获得第一名。

　　菲律宾有收小费的习惯，无论是脚夫、吧台服务员、饭店服务员，均依靠小费作为收入。一般给 20 比索的小费就可以。

[海中的圣母礁岩]

涨潮时，圣母礁岩宛如一艘小船漂荡在海中。

感，因此被誉为"世界上最细的沙滩"和"亚洲最美沙滩"，是"世界七大美丽沙滩"之一。

圣母礁岩附近的海水清澈见底，肉眼就能看到许多海底生物，是潜水和戏水的绝佳之地。

长滩岛上只有旱季和雨季两个季节，每年6—10月为雨季，气候湿热，午后常会有雷阵雨；11月至次年5月为旱季，降雨较少，是旅游旺季。

如果时间允许，在长滩岛这座纤尘不染的小岛上过上几天与世隔绝的生活，在细柔的白沙滩上漫步，在海浪拍打的礁岩上聆听圣母的心声，岂不是人生一大快事？

> 长滩岛的建筑很少有超过3层的，它们掩映在椰林之下，少了城市中的拥挤和喧嚣，多了些许惬意。

[长滩岛白沙滩]

[沙滩边的圣母礁岩]
退潮时，圣母礁岩如同一头横卧于沙滩上的巨兽。

[卢霍山山顶观景台]
卢霍山是长滩岛最高的地方，海拔100米，虽然不高，但很难攀登，在山顶可以俯瞰全岛风貌，可360度无死角欣赏绝美海景！

观海听涛之地
乌鲁瓦图断崖

这里叫情人崖，有一个凄美的爱情故事；这里有一座寺庙，它伫立在悬崖边，俯瞰碧洋，气势宏伟；这里也是巴厘岛最美的观海听涛之地。

巴厘岛是印度尼西亚 1.7 万多座岛屿中最耀眼的一座，其坐落在赤道偏南一点，具有典型的热带气候，这里四季分明，风光绮丽，一直是中国游客的热门目的地。

[乌鲁瓦图断崖上的观景平台]
乌鲁瓦图断崖沿海的悬崖峭壁上开发出了一些观景平台和休闲区。

情人崖

巴厘岛的形状犹如一只母鸡，鸡脚一带（南部地区）是岛上最奢华的地方，有金巴兰海滩、库塔海滩和努沙杜瓦海滩，乌鲁瓦图断崖也在这里。

乌鲁瓦图断崖又被称作情人崖，是地球在造山运动时，地壳从海底翘起的一块岩石，位于巴厘岛最南端。

传说，当地有一位富有的村长的女儿爱上了一个穷

另一个乌鲁瓦图断崖的传说：传说有一位渔民的妻子在断崖上等待出海的丈夫，却未能望夫归来，从而绝望地跳入大海，因此这里也被叫作"望夫崖"。

[乌鲁瓦图殉情处]
相传，那对殉情的恋人就是从此处相拥着投海的，飞溅的浪花好像在为这对情侣鸣不平。

乌鲁瓦图的猴子是此地的霸主，经常抢夺游客的东西，食物、手机和眼镜等都是它们的目标。

[乌鲁瓦图寺一隅]

小伙，遭到村长的反对，于是这对小情侣在乌鲁瓦图断崖相拥着投海殉情，这里从此便有了情人崖的说法。

这个凄美的爱情故事给这里平添了离奇色彩，也吸引着无数情侣前来游览，感受那份坚贞的爱情。

乌鲁瓦图寺

乌鲁瓦图寺是一座建立在乌鲁瓦图悬崖峭壁上的寺庙。相传，13世纪时，一位爪哇岛的僧侣多方化缘，募得巨资，然后在乌鲁瓦图悬崖顶，借用山势辟出一小块平台作为广场，将寺庙修建于此，用于保护巴厘岛免受恶鬼侵扰。如今经过700多年的风霜雨雪，依旧岿然不动。乌鲁瓦图寺是巴厘岛上六大寺庙之一，也是最壮观、最上镜的一座。

乌鲁瓦图寺由一条石级小路通往正殿，寺内一片静谧，穿过寺庙，高山草甸一直延伸到断崖尽头，海浪拍打着崖壁，形成巨大的白色浪花，一道道波澜壮阔的白线在蓝色的大海上奔涌，十分壮观，使这里成为最美的观海听涛之地，也是各国冲浪好手钟爱的冲浪点。

[情人崖和乌鲁瓦图寺]

情人崖下面的海域由于海浪巨大，是世界各地冲浪高手钟爱的冲浪点。传说古时候有一艘船上的水手触怒了海神，海神掀起巨浪把船掷向岸边，就形成了船头形状的悬崖。

凯卡克舞

每天日落时分，乌鲁瓦图寺还有传统的凯卡克舞表演：一群年轻人围绕着一个火炬而坐，有些戴面具，有些不戴面具，一边摇晃着身体，一边发出宗教式的呼声，进入神游状态，其夸张的表情、动作配上全程的人声合唱，似乎将观众逐渐带入远古的传说之中。整场演出十分震撼人心，给人一种超脱现实般的神奇体验。

巴厘岛和很多海岛一样都有悲壮的历史，不过所幸这些都成了过去，如今巴厘岛是印度尼西亚最著名的旅游休闲地点，其惬意而舒适的自然环境，让每个来这里度假的人都称赞不已，被许多旅游杂志评选为"世界上最令人陶醉的度假目的地"之一。

乌鲁瓦图位于巴厘岛西南端，距离登巴萨约 10 千米，最好是自驾或包车前往。

[乌鲁瓦图寺一隅]

[凯卡克舞面具]

巴厘岛的标志性景观
海神庙

海神庙是一个神圣的地方，庙内树木郁郁葱葱，每年到这里敬拜的人们络绎不绝，当地居民对海神的敬仰无法用言语来形容，只有亲临现场，才能窥之一二。

[上面连在一起的善恶之门]

穿过这道善恶之门，不远处就是海神庙，巴厘岛很多地方都能见到这样的善恶之门，一种是上面连在一起的，另外还有一种是上面分开的。

海神庙位于巴厘岛西南部的塔巴南谏义里市贝拉班村，距离塔巴南市以西约 13 千米，是巴厘岛众多寺庙中最惹眼的一座，也是巴厘岛三大神庙之一，以独特的海洋落日景色而闻名。

千寺之岛

巴厘岛享有多种别称，如"神明之岛""恶魔之岛""罗曼斯岛""绮丽之岛""天堂之岛""魔幻之岛"等。除此之外，巴厘岛有 12 500 多座庙宇，还有"千寺之岛"的美称，因历史上受印度教文化的影响，居民大都信奉印度教，是印度尼西亚唯一信仰印度教的地方。教徒家里都设有家庙，家族组成的社区有神庙，村有村庙，这是巴厘岛上一道独特的风景线。

海神庙更像自然景观遗址

海神庙始建于 16 世纪，坐落在海边一块巨大的岩石上，中间有一条小道相连，每逢涨潮之时，海水包围岩石、

[上面分开的善恶之门]

[海神庙入口处]

没过小道，整座寺庙与陆地隔绝，孤零零地矗立在海水中，庙宇所在从之前的"半岛"变成了"小岛"，只在退潮时海神庙才与陆地相连。

　　海神庙经过海水、海风经年累月的侵蚀，已经有些破旧，更像一处自然景观遗址。

> 海神庙所在的石头山酷似桂林的象鼻山。

[远观海神庙]

[海神庙墙壁上的雕刻]

海蛇是海神庙的守护神

据当地人的说法，在 16 世纪时，东爪哇最后一位祭司避居于此，因爱上这片海岸的美景，在巨岩上盖了一座印度婆罗门庙，也就是今日的海神庙。相传，寺庙建成时忽逢巨浪，岌岌可危，于是寺内和尚解下身上的腰带抛入海中，腰带化为两条海蛇，终于镇住风浪，从此，海蛇就成了寺庙的守护神。如今在海神庙巨岩对岸的岩壁中还有海蛇，传说是此寺庙的守护神，防止恶魔和其他的入侵者。

[海神庙装饰石雕]

[海神庙一隅]

巨蛇守护海岛的传说

关于海神庙，在当地还有另一个传说：相传几百年前，巴厘岛受天地之灵气，孕育出一颗绿色钻石，每当夜晚来临时会发出绿色的光芒，给当地人带来了光明，被人们奉为神物，供奉在岛上的最高处。

然而，钻石的光辉在照亮人们的同时，也招来了海妖的垂涎，海妖掀起了巨浪，毁坏了良田和家园，于是由

[海神庙]

[大门紧锁的海神庙]

海神庙的门口有泉水，虽然置身于大海之中，然而却是甘甜的水，不是咸海水。

传说这里是大祭司尼拉塔朝圣之行的终点，他最终在南海守卫者海神巴鲁纳的家乡摆脱了肉身的束缚，入于涅槃。所有进入海神庙的人，都会被要求系上一条黄色的腰带，以表尊敬。若是穿着短裤或裙子，还需要系上紫色的纱笼。

[海神庙屋檐下的装饰]

三位勇士带领村里的勇敢少年，驾船出海，决定与海妖决一死战，这群英雄再也没有回来，海妖也没有再来作乱，破坏这座小岛。

好景不长，海妖掀起狂风暴雨再次向这座小岛袭来，而这次比往常更激烈，破坏力也更大。这次已经没有人能与海妖对抗了，大家只能蜷缩在家里等着死神的降临。突然，一条巨大的海蛇从空中直接跃入大海，与海妖缠斗在一起，海水剧烈翻腾着，不知道过了多久，大海平静了下来，海妖被击退了，人们欢呼着来到海边，却看到远处漂来一条奄奄一息的海蛇，瞬间化作一座海山矗立在海岸边，守护这座岛上的人们不再受海妖的侵袭。后来有高僧云游此地，修建了海神庙，以告慰这条逝去的海蛇。传闻，每当有狂风巨浪席卷小岛时，海神庙的巨石就会化作白色的巨蛇守卫着小岛不受威胁。海神庙从此便成为人们敬仰的神圣之地。

巴厘岛最美的夕阳

如果不是印度教教徒，是不能进入寺庙内部的，尤其是祭祀平台，更不要随意前往。海神庙的美景大部分都在外面，所以大家只要在寺庙的外面观赏即可，而且因为寺庙地下的岩石被海水侵蚀着，一般也不对外开放。海神庙周边的景致同样能让人流连忘返，尤其是在夕阳

[海神庙落日美景]

下，落日同寺庙交相辉映，飞溅的浪花拍打着岩石，海水闪耀着金黄色的光彩，景色壮美，绚丽多彩，被誉为"巴厘岛最美的夕阳"，是众多摄影爱好者的最爱。

与众不同的"颓废美"

布拉波海滩

这里风浪很大，是风筝冲浪、滑浪风帆等水上运动的天堂；这里还有一片死寂池塘，透出一股与众不同的"颓废美"。

长滩岛是菲律宾中部的岛屿，整体呈狭长形，随着风向的不同，岛的东、西两边经常出现截然相反的景象：岛西海面温和，坡度平缓，最有名的沙滩就是白沙滩，游客可以在这无风的环境下游玩休憩；岛东却是白浪推涌，布拉波海滩就位于此。

冲浪者的天堂

布拉波海滩的沙子不够柔软，甚至有些粗糙，而且这里的水质一般，还有很多海藻，不如白沙滩那么美，但是由于海上风浪很大，成为风筝冲浪和滑浪风帆等水上运动的天堂，每年都会举办冲浪比赛。踏浪的人踩着舢板，拖着巨大的海风筝在浪涛中搏击，就像拖着一大群在空中飞舞的五彩弯月。

[冲浪者的天堂]

[风筝冲浪]

[死亡树林 1]

[死亡树林 2]

死亡树林

布拉波海滩不仅是冲浪者的天堂，而且还是摄影师、探险者和艺术家们的天堂。在海滩的最南端有一个被称为"水中森林"的古老池塘，里面布满了死去的红树林，树枝和树干形态各异，有的枯朽，有的仿佛还在苟活，有的探出水面，有的则横卧于水下，水中透出迷幻的树荫，水面不起半点涟漪，四周一片死寂、昏暗，因此，这里又被称为死亡树林，让很多游客望而却步。但是，它却成了艺术家们眼中的宝库，在他们看来，四周弥漫的死亡气息有一种与众不同的"颓废美"。

欣赏大自然雄伟的气势

万座毛

它有一个奇特的名字，也因为有雄伟的断崖和美丽的珊瑚礁而成为《恋战冲绳》《没关系，是爱情啊》等影视剧的取景地。

冲绳岛又名琉球岛，位于琉球群岛中央，地处日本西南，在日本本土和我国台湾地区之间，是琉球群岛中最大的岛屿，有着最原始的海岛风景，充满了魅力。万座毛则坐落于冲绳岛中部地区西侧的恩纳村，是有名的度假胜地。

万座毛：能容纳万人坐下的草原

万座毛这个名字有着特殊的意思："万座"是指"万人坐下"，"毛"是冲绳的方言，指杂草丛生的空地，所以"万座毛"的意思是"能容纳万人坐下的草原"。万座毛其实很小，花费十几分钟就能环绕一圈走下来，在这里既可以欣赏海天一色，还可以俯视悬崖峭壁下的珊

[万座毛绝壁如象鼻]

因为海水冲刷，"象鼻"越来越细，未来可能会看不到了。

[万座毛边上的小亭子]

[真荣田岬的蓝洞]

真荣田岬的蓝洞距恩纳村 15 分钟航程，是世界上为数不多的青洞，也是一座山崖下的水洞，可以浮潜或潜水进入。

[琉球王尚敬王]

隋朝时，琉球王国被称为琉虬，《隋书》中改称琉求，后来有的书中又称"留仇"。明洪武五年（1372年），朱元璋派使臣杨载携带诏书出使琉球，诏书中称其为琉球，从此成为正式名称，这里的统治者为琉球王。

瑚礁。相传，在琉球王国时代，琉球王尚敬王在去北山巡视的途中路经此地，见此断崖上有一处平原，就让随从万人坐到上面，因而得名"万座毛"。

万座毛位于海边的一座断崖之上，而该断崖绝壁形似海边喝水的"大象"，因此又被称为象鼻石。海岸悬崖上怪石嶙峋，以这处象鼻石伸向大海，断崖之下是珊瑚礁和惊涛拍岸的壮丽景致，是香港电影《恋战冲绳》和韩国电视剧《没关系，是爱情啊》等的取景地。

真荣田岬的蓝洞

恩纳村一带除了有闻名于世的万座毛之外，还是世界闻名的潜水胜地，这里的海水清澈通透，海底遍布着美丽的珊瑚礁，五彩斑斓的热带鱼类在珊瑚间穿梭，在此既可浮潜，也可以深潜。在恩纳村众多潜点中，最特别的要数真荣田岬的蓝洞，在阳光的折射下，洞窟内布满蓝色的光芒，被当地人称为青之洞，每年都吸引大量世界各地的潜水爱好者前来探秘。

狂欢者的乐园

芭东海滩

这里有宽阔金黄的沙滩、细腻无瑕的沙粒、碧如翡翠的海水，是普吉岛上最有名的海滩，几乎美到无可挑剔。

[古老的普吉镇]

[通往芭东海滩的标志]

普吉岛位于印度洋安达曼海东南部，被誉为"安达曼海的明珠"，是泰国最大的海岛和主要的旅游胜地，岛上最值得推介的除了古老的普吉镇之外，还有位于普吉岛西海岸的众多海滩，而这些海滩中最有名的就是芭东海滩。

罪恶之城

芭东海滩距普吉镇约 12 千米，全长 3 千米，这里沙滩平缓、海浪柔和，不仅有完美的海滩美景，而且有丰富的娱乐、度假项目和热闹的夜市，海滩周边每个拐角都能找到卡巴莱歌舞表演地和震耳欲聋的夜店，到处弥漫着享乐主义，芭东海滩就是普吉岛的"罪恶之城"，并被当地人引以为豪，被视为是普吉岛上最重要、开发最完善的地区，也是普吉岛上开发最早、发展最成熟的海滩之一。

洗涤心灵的芭东佛寺

在芭东海滩除了有享乐主义之外，还有一座能让人放下俗念、洗涤心灵的芭东佛寺。它是普吉岛上最古老的寺庙，寺内供奉着一尊半藏于地下、风格奇异的佛像。

据当地人说，这尊佛像十分灵验。相传古时候，缅甸军队攻占普吉岛，曾经想搬运走这尊佛像，就在缅甸士兵准备挖掘佛像的时候，天空中乌泱泱地飞来了一群黄蜂，将佛像团团围住，缅甸士兵以为佛像显灵了，纷纷放弃挖掘，佛像得以保存至今。

如果游玩过芭东海滩后意犹未尽，还可以去卡塔海滩、卡伦海滩等；如果逛芭东佛寺还不尽兴，还可以去海岸教堂、查龙寺和普吉大佛等地。除此之外，普吉镇也是一个不错的地方，镇中除了有很多中式建筑之外，还有大量的西方殖民风格建筑，向游客展示着历史情调。

[芭东海滩]

芭东海滩上各种水上活动一应俱全，有水上拖伞、橡皮艇、帆船、冲浪、摩托艇等，美中不足的是芭东海滩游客较多，颇为喧嚣，不如其他海滩的水质好。

因为法律的限制，泰国的庙宇不时兴放鞭炮，唯有普吉岛成了特例。虽然泰国的华人华侨很多，逢年过节也只有在普吉岛上才听得到鞭炮声，查龙寺也是允许当地人放鞭炮的寺庙之一。

普吉岛早在公元前 1 世纪就被矮小但勇敢的海上游牧族所占据，他们没有任何文字，也没有任何宗教信仰，被称为"Chao Nam"或是"海上的吉卜赛人"。

据相关报道，原始矮人部族直到 19 世纪中叶还生活在普吉岛中心地带的茂密丛林里，但最终由于大批的移民来此地开采锡矿，他们才彻底迁移。

[芭东佛寺]

芭东海滩上的芭东佛寺是普吉岛上一座历史悠久的佛寺，寺内供奉着一尊半藏于地下的佛像。

泰国"小桂林"

攀牙湾

在淡绿色的海湾水面上，石灰岩星罗棋布，有的从水中耸起数百米，有的看上去像驼峰，有的则像倒置栽种的芜菁。

[奇峰怪石]

攀牙湾紧靠普吉岛的攀牙府，位于普吉岛东北角 75 千米处，整个湾内遍布着珍贵的、有"地球之肺"美誉的胎生植物红树林。

可以从普吉岛先乘车经过跨海大桥到达攀牙府，然后再乘坐小船去往攀牙湾，探访各小岛和水上渔村，进行独木舟探险、皮划艇、骑大象和看猴子等活动。

攀牙湾内遍布数以百计的形态奇特的石灰岩小岛，每座小岛都有一个

[奇特的小岛]

[群山围绕成一个心形]

[攀牙湾壮观的海洞]

[蝙蝠洞]

[007 岛]

1974 年，好莱坞 007 系列电影《007 之金枪人》在此地取景，从此以后这里便成了普吉岛又一个著名的旅游景点，也成了攀牙湾国家公园最大的亮点。

与其形状极为吻合的名称，除了石灰岩小岛之外，在攀牙湾还有奇特的钟乳石岩穴和数不清的怪石、海洞，其中 007 岛（也称铁钉岛，因是 007 系列电影《007 之金枪人》的拍摄地而得名 007 岛）、钟乳岛石洞（即佛庙洞、隐士洞、蝙蝠洞）更以其天然奇景而著称。

攀牙湾被誉为普吉岛周边风景最美丽的地方，有泰国的"小桂林"之称。

[攀牙湾美丽的岩石]

领略原始、纯粹的海景

卡马拉海滩

它隐匿在普吉岛的僻静一角，拥有翠绿色的古朴自然环境，又不乏奢华，让人还未走近，心情就会慢慢变得平静。

[宁静的卡马拉海滩]

卡马拉海滩位于芭东海滩以北，与普吉岛其他的海滩不同，这里仍处于相对未开发状态，是普吉岛唯一一个保持原始渔村旧貌的海滩。

这里游客较少，适合拍照、散步、晒太阳，在北边可以坐长尾船游玩，也可以潜水。建议租摩托车或坐出租车前往。

与世隔绝的自然美景

卡马拉海滩是卡伦海滩和素林海滩的混合体，宁静却不失趣味，海湾壮丽宏大，绿松石色的海面静谧而清澈，在海滩北端混杂生长着大量枝繁叶茂的棕榈树和菠萝树。这里没有芭东海滩那么大，也没有那些热闹喧嚣的夜店和刺激的水上运动，显得很安静，绵柔细腻的沙滩与湛蓝的海水组成一幅静谧的风景画。

[幻多奇乐园售票处]

[幻多奇乐园]

幻多奇乐园

卡马拉海滩不仅有纯净的自然美景，在沙滩一隅还建有幻多奇乐园，其占地广阔，内有主题商业街、小吃摊、宫廷式餐厅及豪华的现代化大剧院等，处处显示着普吉岛古老村落和泰国传统文化神秘的一面。这里还有一个以高棉寺庙为主体布景的舞台，它将多彩而华丽的泰国舞蹈和先进的声光技术相结合，其中的大象表演最有名，十几头大象站在一起，踩踏舞台发出重重的脚步

[幻多奇乐园广场]

这里每天都会上演泰国的历史剧，融合了很多泰国古老的文化，包含舞蹈、杂技、魔术和动物表演等。

[卡马拉海滩落日——粉色]　　　　　　[卡马拉海滩落日——橙红色]

声，气势磅礴。当地人把幻多奇乐园视为本土的迪士尼乐园。

[树屋别墅的无边泳池]

百万富翁之路

　　卡马拉海滩背靠山林，在山林和海岸线上有多家星级酒店、度假村和豪华别墅，因此这里又有"百万富翁之路"的盛名。

　　在卡马拉海滩，无论是光着脚丫踩着细软的沙子，踏着海浪散步、发呆、追逐、玩耍，还是在山林中独特性和私密性很高的树屋别墅的无边泳池中游泳，或在一线海景豪华酒店里度假，都能让人身心愉悦，忘记一切烦忧。

　　在幻多奇乐园不但能买到具有泰国特色的手工艺品，还能品尝到当地的特色佳肴及世界各国的风味美食。

　　泰国国王拉玛十世玛哈·哇集拉隆功在这里有一座行宫，里面到处都金灿灿的，面积很大，可以容纳4000人。

[泰国国王行宫]

世界上最美荧光海滩之一
瓦度岛

马尔代夫被许多人形容为"似天际抖落的翡翠"，也有人把它喻为印度洋上最美丽的花环，而瓦度岛的荧光海滩就是花环中最美丽的一朵花。

拖尾沙滩

在马尔代夫1000多座岛屿中，最被推崇的景点就是众多迷人的海滩。这些海滩因常年经受印度洋海水的冲刷，沙滩显得格外洁白细软，拖尾沙滩就是其中的代表。拥有拖尾沙滩的岛屿有库拉玛提岛、可可尼岛、康迪玛岛、迪加尼岛、奥露岛、丽世岛等。除了拖尾沙滩之外，马瓦度岛的荧光海滩在马尔代夫的众多沙滩中也颇具特色。

潜水胜地

瓦度岛位于马尔代夫南环礁北端的珊瑚环礁的群礁边缘，水下周边有一圈海沟，拥有绝佳的天然景致与丰富的海洋生态，犹如一座天然的海洋水族馆，珊瑚和鱼

马尔代夫拥有丰富的海洋生物和70多种五颜六色的珊瑚。游客可以透过清澈的海水，观察到令人难以置信的海底世界。

拖尾沙滩就是延伸到海上的沙滩，涨潮时一般会被淹没一些，退潮时就整个露出来，像是拖着一条长长的尾巴，非常漂亮。

[在瓦度岛潜水]

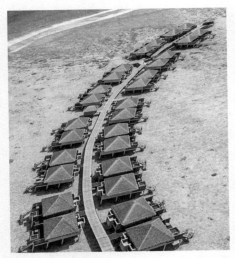

[瓦度岛水上屋]

瓦度岛首先将水上屋的概念引进马尔代夫群岛，可说是水上屋概念的先驱。

生物发光现象是指生物通过体内的一定化学反应，将化学能转化为光能并释放的过程。萤火虫的发光就是最为人所知的一种生物发光现象。

无数散发着幽蓝色光芒的浮游生物随着浪花冲在沙滩上，如同满天的繁星降落，美得让人窒息。

瓦度岛不仅有发光的浮游生物，还有会发光的鱼，每当夜色降临，在灯光的照耀下，安静的海底变得格外诱人，如果运气好，就能碰到发光鱼，它们会闪着绿光，一条、两条、三条……

全世界有 7 个有名的荧光海滩，3 个在波多黎各，2 个在澳大利亚，1 个在马尔代夫，1 个在我国的秦皇岛，其中最著名的是波多黎各维埃克斯岛上的荧光海滩。2014 年，我国大连也出现了荧光海。

类非常丰富，环岛一周有 40 个以上的潜点可供选择，2004 年被《世界潜水旅游》杂志评选为"最佳的潜水胜地和水上屋"。

荧光海滩

瓦度岛荧光海滩是世界上少有的发光海滩，在漆黑的夜幕下，散发着幽蓝色光芒的海水，冲在沙滩上形成了"荧光海滩"，也有人称为"蓝眼泪""火星潮"。无数的浮游生物散发出幽蓝色的光，随着海浪的推动，光点拍在沙滩、岩石上……景色特别迷幻，而产生这种荧光的浮游生物多为多边舌甲藻或鞭毛藻，当它们受到海浪拍打和人为的压力时，就会像萤火虫一样发出绿色或蓝色的荧光。

在夜晚来临，漫步在瓦度岛的荧光海滩上时，犹如漫步在梦境之中，令人如梦似幻，流连忘返。

[瓦度岛"蓝眼泪"]

[瓦度岛水上屋边上的"蓝眼泪"]

最美的珍珠海滩

兰卡威珍南海滩

兰卡威岛有悠久的历史、灿烂的传统文化和让人心旷神怡的美景，珍南海滩更被誉为"最美的珍珠海滩"。

兰卡威群岛又名浮罗交怡，位于马六甲海峡，槟榔屿的北方，毗邻泰国，由99座石灰岩岛屿组成，是马来西亚最大的群岛。兰卡威岛是兰卡威群岛的主岛，其四面被海水环绕，绕岛一周长约80千米，岛内有很多山，它是群岛中面积最大且唯一有人定居的岛。

毗湿奴的坐骑

"兰卡威"一词在古马来语中有"强壮的鹰"的意思，在岛上也流传着关于鹰的故事：相传，在兰卡威还没有名称前，一位王臣来到岛上，见到一只巨鹰伫立于巨石上，迟迟不肯离去，王臣认为那只巨鹰便是毗湿奴的坐骑揭路荼，在马来语里鹰是"helang"，而强壮是"kawi"，

[汪大渊]

我国元朝民间航海家汪大渊在所著的《岛夷志略》中有介绍兰卡威："当时龙牙菩提（兰卡威）没有稻田，只种薯芋，收成后堆存屋内，作为储粮。此外还种植果类和采集蚌、蛤、鱼、虾，补充薯芋食用。产品包括速香、槟榔、椰子等。"明代的《郑和航海图》中也曾提及这里。

[兰卡威鹰]

兰卡威的老鹰有两种：红色的兰卡威鹰和灰白色的海鹰。

[毗湿奴与坐骑神鸟揭路荼]

揭路荼又名迦留罗、迦娄罗、迦楼罗，是古印度神话传说中记载的一种巨型神鸟，在印度教中是三大主神之一的毗湿奴的坐骑，而在佛教中则位列八部天龙之一。

[马来弯刀]

马来弯刀又称作马来帕兰刀，是一种马来人惯用的弯月形短刀，具有非常典型的地域特点。

组合在一起即是兰卡威（helangkawi）。

因此，鹰是兰卡威岛上的吉祥物，有着独特的意义，岛上也有很多关于鹰的建筑，还有著名景点巨鹰广场。

最美的珍珠海滩

珍南海滩是兰卡威岛上最受游客欢迎的海滩之一，不仅有洁白无瑕、绵长平缓的沙滩和清澈、碧绿的海水，在其周围的海底还有一条 15 米长的海底隧道，漫步于隧道之中，可以观赏到神秘而美丽的海底世界：各式各样的海洋生物在水下自由地穿梭，缤纷多彩的珊瑚群在水底摇曳，因此被誉为"最美的珍珠海滩"。如此美丽的海滩却有一个让人痛心的传说。

相传在 1819 年，当地一位酋长向有夫之妇玛苏丽公主求爱被拒绝后，诬陷公主不贞，涉嫌与吟游诗人通奸，因而判处她被马来弯刀刺死，玛苏丽公主临死前，对着上天发下了最狠毒的诅咒："兰卡威岛的子子孙孙七代人都将不得安宁！"

如此狠毒的诅咒宣泄着玛苏丽公主心中的愤恨，也为这座小岛增添了几许神秘色彩。玛苏丽公主死后不久，兰卡威岛就遭到暹罗（泰国）人的大举入侵，似乎应验了传说的真实性。

相传，玛苏丽公主被行刑之后，她的身体里流出了

[玛苏丽公主画像]

[巨鹰广场雕塑]

[玛苏丽公主之墓]

这座墓地是为了纪念200多年前的玛苏丽公主而建。墓园建得很美，墓园里的水池、墓碑以及墓冢都是用岛上盛产的白色大理石雕砌而成的，造型典雅。

白色的鲜血，证明她的清白，而且她的白血一直流淌，染白了兰卡威岛的海滩，如今有"最美的珍珠海滩"之称的珍南海滩或许就是被她的血染白的。

神秘之地：黑沙滩

兰卡威岛除了有"最美的珍珠海滩"之外，还有一个黑沙滩，据说玛苏丽公主发出诅咒后，暹罗人入侵兰卡威岛，那些迫害公主的人被暹罗人追杀到此，被杀后流出的黑血将原本的白色沙滩都染黑了。

黑沙滩位于兰卡威岛最北部，它的形成其实并不神秘，其实际上是由于远古时期的海底火山爆发，熔岩与泥土糅合在一起，在海水和风力长年累月的作用下，熔岩与泥土化整为零，变成绵绵不绝的黑沙滩。如今每年1月或12月，这里都会举办国际风帆锦标赛，在黑沙滩不远处还有红树林、丹绒鲁海滩……均是这一带著名的景点。

兰卡威岛是马来西亚及其他东南亚国家游客最喜欢的度假胜地之一。岛上除了巨鹰、珍南海滩、黑沙滩之外，还有许多与民间故事或神话传说相关的景点，如七仙井、鳄鱼洞等。此外，兰卡威岛还有许多神秘而壮观的岩洞、茂密的红树林，都是独具魅力的探险地。

[天空之桥]

天空之桥建成于2004年10月，总长125米，桥形呈圆弧状，悬空并被固定在山腰，由8根钢缆牵引，整座桥被"吊"在687米高的空中，连接着两个山头，这是兰卡威岛的热门网红打卡之地。

[红树林]

兰卡威岛的红树林曾抵御过海啸，为了保护红树林，也为了保护人们的生命安全（红树林中有各种野兽、毒虫、毒蛇等），马来西亚政府不允许游客擅自进入。

最美的观日地

日出海滩和日落海滩

　　日出海滩和日落海滩位于泰国丽贝岛，这里的海水从近乎透明的白，到碧绿、松石绿、孔雀蓝、宝蓝、深蓝、墨蓝……每天、每时、每处都会有不同的颜色，号称"泰国马尔代夫"。

[丽贝岛美景]

丽贝岛位于泰国南部，面积非常小，主要由日落海滩、日出海滩、芭堤雅海滩和一条步行街构成，它是泰国如今少有的还没有被大力开发的旅游岛屿。丽贝岛原始、美丽、安静、古朴，沙滩细软白净，海水清澈透明，海洋生物多姿多彩，拥有全球25%的热带鱼种，是浮潜的理想之地。

　　丽贝岛海域的珊瑚保护得很好，浮潜时可以看到很多鱼，退潮时，很多珊瑚还会露出海面，非常美丽。

　　这里最长的海滩也不到2000米，步行街全长1000米。

丽贝岛中心

丽贝岛是泰国一个较新的旅游景点，原始海洋环境面貌保留得很完整。这里的中国游客少，大部分是泰国

[日出海滩]

人和欧美人。丽贝岛南部是芭堤雅海滩，这里的沙子异常白细，沿着海滩往北走就是岛上唯一的商业中心——步行街。这条步行街只有 1000 米长，是整座岛上最热闹的地方，街道两旁几乎集中了全岛所有的饭店、酒吧，还有当地的特色按摩店，供疲劳的旅客放松自己。

日出海滩

日出海滩位于丽贝岛东侧，正对着太阳升起的方向，这里离步行街稍微有点远，但也只需十几分钟就可以到达。这里是丽贝岛最早看到太阳的地方，清晨赶在太阳出来之前到达海滩，吹着海风，等待红日从东方爬出海面，将阳光洒满整个沙滩，别有一番风味。

[沙子细如面粉的沙滩]

日出海滩的沙子细如面粉，海水清澈见底，海滩上有树可以遮阴，海里有成群的热带鱼，是潜水和戏水的

[海滩一角]

[丽贝岛上专为穷游族准备的客栈]

[日出海滩美景]

[丽贝岛治安官]

丽贝岛不大，交通基本靠走，治安基本靠狗。岛上一大特色是满地野狗，它们悠然地在岛上溜达，不愁吃喝，饿了岛上会有好心人喂食，困了随便找家店铺门口躺下，顺便当一下保安，或者干脆就睡在沙滩上，这里的狗一点都不怕人，对人很友好。

好地方。

日出海滩到了晚上就会变得安静，在海滩的尽头有一片很大的礁石群，绕过礁石群就是一个避暑山庄，山庄门口有一片长尾沙滩，这里是观看日落的好地方。

日落海滩

日落海滩位于丽贝岛的西北部，交通不便利，人迹罕至，还保留着很多原始风貌，海滩边只有两家酒店，是整座岛上最僻静的一处海滩，私密性十足。

日落海滩不大，是观看日落的最佳之地。在这里，除了海浪和风声之外，再无其他纷扰。夕阳慢慢地没入大海，余晖将人和大海渲染成和谐的一体，融合成一幅美景图。

[日落海滩]

[长尾海滩]

日落海滩因为地处偏僻，住宿费用全岛最便宜，因此聚集了很多背包客和泰国本地人。

丽贝岛上超过一半的酒店都没有热水供应，如果习惯洗热水澡，在入住前先询问一下，然后再入住。

火焰与海水构成的绝美景致

马荣火山 ⋙

它是世界上轮廓最完整的火山，"一半是海水，一半是火焰"的独特景象让它既充满野性，又有着沉静之美。

★ ❧ ★

马荣火山耸立在阿尔拜湾海岸上，是一座位于菲律宾吕宋岛东南部的活火山，海拔 2463 米，方圆 130 平方千米。

> 专家警告说，马荣火山仍有再次爆发的可能。因此，菲律宾火山和地震研究所宣布，最高的五级警戒状态，即"火山正在爆发的状态"依然有效，在此状态下，村民和旅游者被禁止进入马荣火山周围 8 千米以内。

最完美的圆锥体

马荣火山那近乎完美的圆锥形山体，号称"最完美的圆锥体"，无论从哪个角度观察，马荣火山均呈现几乎标准的几何对称，是世界上轮廓最完整的火山，也是世界上著名的活火山之一。2020 年 4 月，马荣火山入选"2020 世界避暑名山榜"。

马荣火山近年来曾多次濒临喷发，最近一次喷发热气是在 2013 年 5 月，直到今日，依然可见火山口冒出的冉冉白烟。在该火山周围 8 千米危险区域内，至今仍

[菲律宾 100 比索纸钞上的马荣火山]

生活着近 5 万名居民，连吕宋岛东南岸的港口城市黎牙实比也处于马荣火山之下。虽然火山爆发会造成重大损失，但马荣火山对旅游业的影响却是正面的，世界各地许多欲一睹火山爆发景象的火山爱好者及摄影爱好者蜂拥而至。

[黎牙实比城内的纪念碑]

马荣公主

相传，很久以前这里并没有火山，当地的比科尔王国有一位名叫马荣的美丽公主，吸引了各处的贵族王公们求婚，但是公主却与敌国的王子韩迪鸥两情相悦，私订终身。

双方国王都反对他们的婚事，于是两国发生了战斗，马荣公主不忍心生灵涂炭，于是牺牲了自己，化解了两国的战事。不久之后，在埋葬马荣公主的地方逐渐隆起成山，山形越来越完美，人们都认为那是马荣公主的化身，为了纪念她，所以火山以马荣公主的名字命名。

[马荣火山山脚下有编号的火山石]

菲律宾的马尔代夫

马荣火山矗立在布满椰林和稻田的绿色平原

马荣火山是菲律宾最活跃的火山之一，在过去 400 年间爆发了 50 次。

[马荣火山接近完美的圆锥形山体]

中间，几乎不与其他的山相连，显得突兀雄伟。白天，火山口不断喷着白色烟雾，烟雾凝成云层，遮住山头。入夜，烟雾呈暗红色，整座火山像一个巨大的三角形蜡烛座耸立在夜空中，绮丽而壮观。从远处看，"一半是海水，一半是火焰"的景象令人震撼。

马荣火山脚下是密思彼湾，它是一座独立的海岛，和马尔代夫一样，全岛只有一家度假村，建在一片私人海滩上，是一个占地5公顷的豪华、独特且隐秘的海岛休闲度假旅游胜地，被誉为"菲律宾的马尔代夫"。

[圣方济天主教堂钟塔遗迹]

圣方济天主教堂因1814年马荣火山爆发而被摧毁，如今人们只能凭借残存的钟塔遗迹，缅怀当时罹难的2000人，并瞻仰火山女神的浅眠睡容。

黎牙实比

马荣火山脚下除了密思彼湾之外，还有阿尔拜省的首府黎牙实比，它距离马尼拉550千米，是阿尔拜省唯

[密思彼湾]

一一座城市，也是贸易中心。

黎牙实比这座城市的名字来源于 16 世纪西班牙入侵菲律宾时的总指挥黎牙实比。1569 年，西班牙国王腓力二世任命黎牙实比为菲律宾总督。1572 年，西班牙军攻占吕宋岛，当年黎牙实比在马尼拉病死。为纪念这位殖民者和冒险家，马荣火山脚下的这座城市就以他的名字命名。

在黎牙实比的每个角落都能清楚地看到马荣火山，不过，最佳的观测点是卧狮山，在这里可以将黎牙实比市区、港口及火山同框，拍的每一张照片几乎都可以用作明信片。马荣火山的魅力中带着一种野性，也许未来的某一天，它又会发疯肆虐，希望不要毁掉黎牙实比这个美丽的地方。

[火山岩雕塑]
该雕塑形象是一位当地女人高举当地的特产红辣椒。

[火山石雕刻的美人鱼]
当地人将火山石雕刻成各种形状，甚至用火山石建筑房子等。

落差1000米的海底悬崖
巴里卡萨大断层

这里没有嘈杂的人声，没有城市的喧嚣，海岛独有的原始和宁静能让你感受物欲之外最真实的自然馈赠。

与普吉岛的人多嘈杂和巴厘岛的风情万种相比，有着"千岛之国"称号的菲律宾的巴里卡萨岛更显别致与刺激。

好像一朵巨大的蘑菇

巴里卡萨岛是一座位于赤道附近的珊瑚岛，孤立于海中央，距离薄荷岛只有45分钟车程，整座岛好像一朵巨大的蘑菇竖立在海底，露出海面的部分就是巴里卡萨岛。

巴里卡萨岛的四周有白色细腻的沙滩，沿着沙滩可以走到海中，海水不规则地分出了深浅，近处的是清澈见底的绿色海水区，稍远处则是不规则的蓝色海水区，海水下面不是暗礁就是珊瑚，更远处的海水突然整体变成深蓝色，这就是世界知名的巴里卡萨大断层。

巴里卡萨岛的最大特色就是可以漂在水中俯瞰巴里卡萨大断层。

[鸟瞰巴里卡萨大断层]

鸟瞰巴里卡萨大断层，其更像是一只梦幻般悬浮在海面上的巨大眼睛，有着蓝绿交错的虹膜和泛黄的瞳孔。

[巴里卡萨海滩]

[巴里卡萨大断层海底悬崖]

在巴里卡萨大断层潜水，让人有一种"当你凝视深渊的时候，深渊也在凝视你"的神秘感。

[巴里卡萨大断层杰克鱼风暴]

巴里卡萨海域有大量的鱼类，尤其是在距离水面 5 ~ 10 米处，浮潜者常可以看到杰克鱼风暴，且杰克鱼都非常大。

1000 米的落差

巴里卡萨大断层几乎呈 90 度，陡峭的悬崖垂直于大海，直达海底。崖壁上满是珊瑚和各种生物，成群美丽的热带鱼穿梭其间，海中美景犹如花园般花团锦簇，超过 50 厘米长的大鱼随处可见，形成了颇为罕见的海底奇观，清澈的海水使潜水者有种在太空中漫步的错觉。这里的海底悬崖有 1000 米的落差，景观相当壮丽，是世界知名的潜水胜地，当地人称为"玫瑰大峡谷"。

薄荷岛上的很多旅游项目都在周边各岛屿上，其中巴里卡萨岛就是薄荷岛附近最著名的潜水胜地之一。

巴里卡萨大断层有珍贵、稀有的黑珊瑚礁环绕着生长，此处珊瑚呈玫瑰形状，显得格外巨大和艳丽。

[处女岛]

处女岛与巴里卡萨岛近在咫尺，鸟瞰处女岛，其就像一只白鸽。它是一座无人小岛，岛上有一处长长的沙滩，延伸到海中，没有涨潮的时候，在海水中可以走出几百米远，沙滩两旁停满了螃蟹船。

场面壮观，难得一见

西巴丹岛海狼风暴

这里从深至浅可以看到形状各异的珊瑚、海葵、海龟，以及由成千上万条海鱼密集形成的鱼群，甚至连最难得一见的海狼风暴也随时可见。

[西巴丹岛美景]

[鱼群]

西巴丹岛也叫诗巴丹岛，位于马来西亚的西里伯斯海上，是马来西亚唯一的深洋岛，面积约4万平方米。

如同一柱擎天

西巴丹岛如同一柱擎天，从600米深的海底直接伸出海面，岛屿边缘的水深呈断崖式急降，水下部分状如烟囱，只要在岛屿边缘多跨出一步，水深就直接从3米变为600米。

西巴丹岛地处北纬4°左右，虽近赤道，却很凉爽，这里除了有绝美的海滩外，水下的世界蕴含着无限活力，一年四季都适合潜水，被誉为世界级的潜水胜地、"未曾受过侵犯的艺术品"。这里的潜点众多，最受潜水者追捧的潜点有海龟镇、海狼风暴点、南角和悬浮花园。

海狼风暴点——使人震撼的潜点

海狼风暴点是一个使人震撼还有点风险的潜点，只有专业潜水高手才能在此感受到蜂拥而至的海狼风暴。海狼风暴指一种极为凶猛的金梭鱼（真金梭鱼和鬼金梭鱼）成群急速追捕，如狼般猎杀其他鱼类的场景。它们通常不主动攻击人类。在这个潜点除了能看到海狼风暴外，还能看到杰克鱼（鲹科鱼类的通用名）风暴、隆头鹦哥风暴，以及数以千计的燕鱼在面前翻飞，场面非常壮观，难得一见。

此地水流湍急，潜水者可根据自己的体能潜入到相应的深度，切忌潜得太深，另外，为了安全，建议使用流勾将自己固定在悬崖上。

与鱼群共舞之处——南角潜点

南角潜点的平均深度为 20 米左右，有与海狼风暴点相同的湍急水流，也有海狼风暴、杰克鱼风暴和隆头鹦哥风暴等。南角潜点的鱼群虽然不及海狼风暴点的大，但是场面之壮观也足以给人们留下深刻的印象。在南角潜点周围 40 米范围内，还是罕见鲨鱼类（如锤头鲨及

[海底白鳍鲨]
白鳍鲨大道水深 10～30 米，在这里常能看到 15 条以上的白鳍鲨列队游行。

[杰克鱼]

[梭鱼]

鉴于海洋保护措施，西巴丹岛每天只允许 120 人上岛，并且还要有潜水证才可以下水。

西巴丹岛不仅限制每天的上岛人数，而且不提供住宿，建议留宿至附近的马布岛。

[海龟]

[潜水者与鱼群]

长尾鲨）最常出没点之一。除此之外，南角潜点的海底峭壁中有不少龙虾躲在其中，在这里寻找龙虾是潜水者最爱的海底探索项目。

绚丽无比的海底——海龟镇潜点

听名字，就能知道这里有很多海龟，在西巴丹岛很多地方都能看到海龟，但是在海龟镇能看到更多的海龟，而且潜点周边到处都是海龟的栖息处。

这个潜点的深度为14米，海底有形状各异的珊瑚、海葵以及畅游海葵丛中的小丑鱼，还有海绵以及各种巨大的鱼群，就像是遗落在水中的调色盘，把海底渲染得绚丽无比。

[海底鱼群]

海底48尊雕塑

M 岛

　　这里有清澈见底的碧绿海水、湛蓝的天空和白色沙滩，还有美丽的浮潜和深潜潜点，在一个名叫"巢"的潜水区有48尊如同"兵马俑"的雕塑。

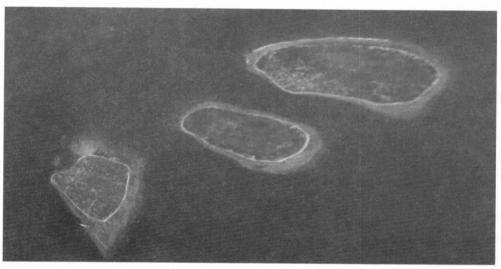

[鸟瞰北吉利三岛]

　　北吉利A、T、M三岛，即阿伊尔岛（Gili Air）、吉利美诺岛（Gili Meno）和特拉旺岸岛（Gili Trawangan）。在原住民语言中，"吉利"便是岛屿的意思。

印度洋上三块至宝

　　印度尼西亚最美的地方或许不是巴厘岛，而是包含了75座岛屿的龙目岛，而在龙目岛众多的岛屿中，最美的应该是紧靠龙目岛西北海岸的北吉利A（Gili Air）、T（Gili Trawangan）、M（Gili Meno）三岛，它们拥有美丽的沙滩、层次丰富的海水、美丽的水下浮潜和深潜潜点，3座小岛的周边有多达17个有趣的潜点，被誉为"印度洋上三块至宝"。

风景最美的 M 岛

　　北吉利3座小岛之间的距离约在半小时船程以内，

[M岛美景]

M岛是一座很安静的小岛，当地人也都很热情。

这里没有政府机构、警察，甚至没有机动车。3座岛屿风情各异，A岛没什么游客，大部分都是居民；T岛的面积最大，宾馆、酒店和酒吧等旅游配套设施最完善，是北吉利最热闹的地方，因此被称作派对岛；M岛的面积最小，也最清净，没有太多游客造访，可以独享碧蓝的海水、白色的沙滩，是3座岛屿中风景最美的。

48尊如同"兵马俑"的雕塑

M岛周围的海域不仅有各种各样的热带鱼、海星、贝类、小虾、小蟹、海龟等，还有一个被称作"巢"的浅海潜水区，这里有48尊如同"兵马俑"的雕塑，每一尊都拥有独特的面部表情和身体造型，或站立或横卧在海床上，这并不是历史文物，而是英国的水下雕塑家杰森·德卡莱斯·泰勒的作品，如今这些雕像已逐渐褪去人为的斧凿痕迹，成为一个真正的珊瑚礁丛，完全融于自然之中。

如果看惯了海底岩礁、珊瑚和各种海洋生物，不妨尝试探索M岛的海底雕塑，在雕塑中潜水穿行，就像电影里的探险寻宝一样，感觉很奇妙、刺激。

[M岛海底雕塑1]

马车在这里被称为"Cidomo"，除了自行车外，岛上的公共交通工具就只有马车。

[M岛海底雕塑2]

世界上最漂亮的迷你岛

南园岛

南园岛号称"世界上最漂亮的迷你岛"，整座岛好像是一个专门设计出来的主题乐园，在这里可以潜水、登山、游泳、晒日光浴等。

南园岛位于泰国海湾，临近苏梅岛，在龟岛西北面，从龟岛搭乘快艇或者人力船，需要20多分钟的船程。

世界上最漂亮的迷你岛

南园岛由3座小岛组成，它们被两个弯月形的细白沙滩连在一起，形成一处天然的"人"字形沙滩，从空中鸟瞰，形状很像一只海鸥，因此南园岛也被称作海鸥岛。

这里的海水很干净，站在沙滩上就可以看到海中漂亮的小鱼。这里最适合的游玩项目就是潜水，不管是浮潜还是深潜，都能找到合适的潜点。

[龟岛上的标志性建筑]

龟岛又名涛岛，外形类似一只乌龟，岛周围的海域中有美丽的珊瑚礁和丰富的海洋生物，提供了极佳的潜水环境，是泰国最有名的潜水胜地。

[白石潜点]

南园岛的著名潜点有白石、南园峰（也叫红石）、绿石、日本花园和双子峰。

["人"字形沙滩]

沿着"人"字形沙滩可以爬上山顶，观看南园岛最美的景色，这里也是网红打卡点。

入岛条件苛刻

南园岛被泰国财政部租给泰国的一个富豪家族，成为一座私人小岛，为了保护岛上的活珊瑚，入岛条件非常苛刻，严禁使用脚蹼，更不能采集或移动贝壳，也不可携带塑料制品或罐头上岛，以杜绝污染。更苛刻的是，如果条件不允许，岛主有权拒绝你上岛。

南园岛很安静，非常适合度蜜月的情侣，黄昏时，一边欣赏海尽头的绚烂落日，一边享受浪漫的晚餐，或是相拥着呢喃低语，或是赤脚在细软狭长的沙滩上散步，低沉的涛声，漫天的繁星，让这里安静得像世外桃源一般。

[南园岛美景]

给人一种与世隔绝的感觉

玛雅湾

它位于泰国的小皮皮岛西岸，是一个深受阳光眷宠的地方，有洁白的沙滩、宁静的海水、隔世的海湾和天然的洞穴，是一个炙手可热的旅游度假胜地。

[只有一个出海口的玛雅湾]

小皮皮岛的面积约为 6.6 平方千米，至今仍是一座无人岛，柔软洁白的沙滩、宁静碧蓝的海水、自然天成的岩石洞穴、未受污染的自然风貌，使它从普吉岛周围的 30 余座离岛中脱颖而出，成为近年来炙手可热的度假胜地之一。玛雅湾就位于小皮皮岛上，是莱昂纳多·迪卡普里奥主演的电影《海滩》的取景地之一，因而颇有名声。

玛雅湾的沙滩混杂了一些珊瑚和贝壳，游玩时最好穿上鞋，以免划伤脚。

玛雅湾

玛雅湾三面环绕着高达百米的绝壁，只有一个狭

[电影《海滩》的取景地]

在玛雅湾附近浮潜免费，但上小皮皮岛收费，可以从大皮皮岛包船到这里浮潜。

窄的出海口，给人一种与世隔绝的感觉。湾内面积不大，却有令人惊喜的白沙滩和清澈的海水，而且周围的海水不深，可直接看到湾内水底各种小鱼，这里是小皮皮岛上最出色的潜点，浮潜和深潜都很棒。

海盗洞

玛雅湾外的海岸线上有众多的石灰岩洞，其中有一座洞穴面积颇大，洞壁内完整保存了史前人类、大象、船只等的壁画，据传这里曾被当年的安达曼海盗当作窝点，因此被称为"海盗洞"或"维京洞"，又因为洞内栖息着很多海燕，盛产燕窝，也被称为"燕窝洞"。这里的海水纯净，海底世界多姿多彩，隐约可见绚丽的珊瑚礁岩，是一个潜水的好地方。

[海盗洞]

美洲篇

地球的尽头

圣卢卡斯角 ····

它位于墨西哥下加利福尼亚半岛,被称为"北美后花园",曾被墨西哥人认为是"地球的尽头"。

下加利福尼亚半岛位于墨西哥西北部,在墨西哥湾与太平洋之间。

说起墨西哥,很多人会联想到毒品、黑帮、枪战等不安全因素,其实圣卢卡斯角比欧洲很多国家的旅游热点城市以及美国的很多大城市都要安全。

[圣卢卡斯角美景]

[圣卢卡斯角石拱]

当地人认为这是一扇通往永恒的门,热恋的情侣们只要在"拱门"下彼此倾诉对爱情的忠贞,便可以获得永久的爱情,因此,当夕阳快要沉落时,会有很多人来此祈福好运或爱情。

下加利福尼亚半岛是世界上最狭长的大半岛,形如一条长长的手臂,它从墨西哥的西北角向东南延伸,全长 1200 余千米,因此有"墨西哥的瘦臂"之称,而圣卢卡斯角就位于半岛的东南端顶点上,在信息欠发达时

代，墨西哥人从"瘦臂"最北端到达圣卢卡斯角非常不易，因此他们认为这个三面被烟波浩渺、一望无际的太平洋包围的地方就是地球的尽头。

古墨西哥人认为"到了圣卢卡斯角，就到了地球的尽头"，而这个尽头有两处大自然塑造的奇景：一处是被称为"太平洋之门"的圣卢卡斯角石拱；另一处是圣卢卡斯角爱情滩。

[圣卢卡斯角爱情滩]

圣卢卡斯角爱情滩是享受纯正日光浴的绝佳地方。

圣卢卡斯角石拱

圣卢卡斯角石拱又称为"地之角"，是"地球的尽头"的重要标志，这是下加利福尼亚半岛伸向大海的山体岩石因长年受海浪冲刷而形成的，其中最大的一块岩石下方有一个被海水雕刻出的如拱门般的大洞。

太平洋的海水和科尔特斯海的海水在"拱门"外相汇，形成巨大的浪花和迷蒙的水雾，随风掀起冲向石拱，发出隆隆巨响，甚为壮观，"太平洋之门"由此得名。

科尔特斯海又译为哥得斯海，是太平洋深入北美大陆的狭长边缘海，位于墨西哥西北部大陆和下加利福尼亚半岛之间，呈西北—东南走向，北窄南宽，形似喇叭。

圣卢卡斯角爱情滩

圣卢卡斯角爱情滩位于圣卢卡斯角石拱和海岸之

间，是一个因长年海水冲刷而形成的覆盖着金黄色沙子的海滩，面积不是很大，南北长千余米，东西宽500多米。海滩南北两边被峭壁包围，东边是科尔特斯海，西边是太平洋，这里的风浪很大，东、西两边的海水时常会冲上来，融合后浸入海滩，就像情侣亲密接吻，因此这片沙滩得名"爱情滩"。

神奇有魅力的地方

圣卢卡斯角有一种神奇的魅力，除了有名的"地之角"和"爱情滩"之外，还有大大小小、密密麻麻的明礁暗道，海岸线上遍布着众多被侵蚀和风化的岩洞和石孔，这种特殊的地质构造，使它曾经成为海盗的天堂，海盗们将劫掠而来的财宝藏匿在岩洞中。

如今，这片海域已经没有了海盗，那些怪石和岩洞成了海鸟、海豹的栖息地，这里也成了闻名世界的海滨度假胜地，经常举办各种各样的活动，如香蕉船、帆船运动、浮潜、风筝航海、潜水和骑马等。

[海边警示牌]

圣卢卡斯角的水况复杂，很多不能下水的海滩边会有警示标志。

在墨西哥只要别人提供服务就要给小费。吃饭的账单上会写明建议小费为10% ~ 20%，一般给10%就够了。

[鸟瞰圣卢卡斯角爱情滩]

[镇中心的圣卢卡斯教堂]

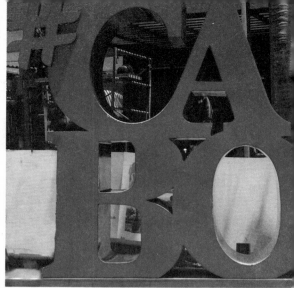

[港口的卡波（Cabo）标]

卡波圣卡镇

据说圣卢卡斯角在 1.4 万年前就有人类活动的痕迹，但直至 20 世纪当地的小渔村才发展成典型的海边小镇——卡波圣卡，小镇有机场和港口，面积不大，只有几万人住在这里，镇中心是广场，广场边有一座 16 世纪殖民时期的老教堂——圣卢卡斯教堂。该教堂曾经占地面积很大，后来遭到了损毁，现在留下来的只是原来的很小一部分。连接广场的街道上布满了各种画廊和工艺品商店，充满了艺术气息。

沿着小镇街道，可以直接走到圣卢卡斯港，港内一片繁华，停满了帆船和各种豪华游艇，奢华至极；周围酒店、酒吧林立，不论是在港湾漫步、酒吧内休憩，还是乘快艇在近海巡游，都有很好的体验。

[停满游艇的港口]

海洋之眼的美妙
伯利兹蓝洞

　　它被称为"世界十大地质奇迹"之一，也是世界上最困难、最热门的潜水胜地，如一只神秘的巨眼，被镶嵌在加勒比海中。

[近似圆形的伯利兹蓝洞]

　　蓝洞分为陆地蓝洞和海洋蓝洞。世界上著名的蓝洞除了伯利兹蓝洞之外，还有塞班岛蓝洞、卡普里岛蓝洞和三沙永乐龙洞等。

　　伯利兹蓝洞也被称为洪都拉斯蓝洞。

　　伯利兹蓝洞又称为大蓝洞，位于中美洲国家伯利兹东部的大洋中，距伯利兹海岸约96.5千米，比邻灯塔暗礁，是一个较大的完美环状海洋深洞，被誉为"世界十大地质奇迹"之一。

伯利兹蓝洞形成于冰河时代末期

　　巴哈马群岛附近的灯塔暗礁海域是一个巨大的石灰岩台地，大约形成于1.3亿年前。在200万年前的冰河时代末期，伯利兹蓝洞所在区域的石灰岩层露出海面，变成了陆域或海陆交界的区域，随后在外力的溶蚀作用下，石灰岩逐渐形成洞穴、暗河、石笋、钟乳石等喀斯

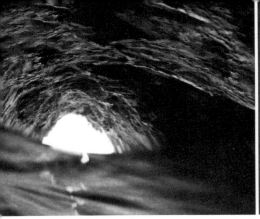
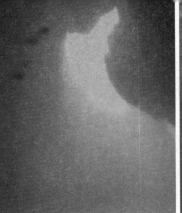

[伯利兹蓝洞美景]

特地貌景观。多孔疏松的石灰质穹顶因重力及地震等原因而很巧合地坍塌出一个近乎完美的圆形开口，成为敞开的竖井。当冰雪消融、海平面升高后，海水便倒灌入竖井，形成海中嵌湖的奇特蓝洞现象。

世界十大最好的潜水地之一

1971年，世界著名的水肺潜水专家雅各·伊夫·库斯托对伯利兹蓝洞进行了勘探测绘，将其评为"世界十大最好的潜水地之一"。伯利兹蓝洞的洞口直径为305米，是已知的世界最大口径的蓝洞口；洞深123米，是已发现的世界第四深的水下洞穴，洞口近乎完美的圆形，仿佛是一个深蓝色的花环。洞内钟乳石群交错复杂，如一根根巨型石笋生长在水下，最长的可达12米。如今这个蓝色天坑是伯利兹堡礁保护系统的一部分，被联合国教科文组织列为世界自然遗产之一。

充满魔力的潜水胜地

伯利兹蓝洞由洞口向下，首先是一段垂直而不断冒泡的岩壁，随后岩壁向外扩大，水深200多米，海中洞穴神秘幽森，有大量的钟乳石，而且越深处水质越清，地质构造越复杂，水中还有大量个性温和、慵懒、不主动攻击人的鲨鱼共游，美丽与凶险并存。这也让伯利兹蓝洞犹如一个充满魔力的磁场，成为全球最负盛名的潜水胜地，吸引了全世界最勇敢的潜水者来此挑战。

[雅各·伊夫·库斯托]

雅各·伊夫·库斯托（1910—1997年）是法国最著名的海洋探险家之一，他发明了水肺型潜水器和水下使用电视的方法，不仅能让探险家们长时间停留在海下，摸清海底情况，还成功地将海底这一神秘世界让大众知晓。

科学家们在伯利兹蓝洞120多米深的珊瑚礁底部中提取了一些沉积物样本，并将其与伯利兹内陆地区石灰岩坑的沉积物样本进行比较研究，发现这两种样本的年代处于距今1000—800年间，当时正是玛雅文明衰落的时期。

猪的天堂

猪岛

在这座小岛上居住着一群快乐而悠闲的猪，它们会在海滩边散步、在海水中游泳，甚至学会了卖萌，还会向游客讨要食物并懂得如何与人类相处。

猪岛上的猪都长得很肥大，网传的"小猪"一点儿都不小，喂食的时候千万要小心，这群平时蠢笨卖萌的家伙，看见吃的就会围拢过来，张着大嘴往前拱，还会抢食。

巴哈马群岛是西印度群岛的三个群岛之一，位于佛罗里达海峡外的北大西洋上，这个群岛由700多座海岛和2400多个岛礁组成，猪岛就是其中之一。

快活似神仙的猪

巴哈马群岛既具有亚热带风情，也曾是加勒比海盗的大本营之一，随处可见海盗文化，如海盗餐厅、海盗博物馆以及海盗纪念品商店，每一处景点都有一个传奇

[呆萌的小猪仔]

猪岛岸上有很多小猪仔，可以抱着它们拍照，它们很配合，不闹也不叫，把它们放到水里，很利索地就往岸上游了。

[猪岛上的"网红猪"]

这是猪岛上的一头"网红猪"，很干净，没有腥臭的味道（其实整座猪岛上的猪都不臭），就是毛摸上去硬硬的。"网红猪"很亲近人类，而且会在你不注意的时候，悄悄地游到你身边，然后从水中探出头，萌萌地看着你……

的海盗故事。

在巴哈马群岛众多拥有海盗文化的岛屿中，有一座岛屿却让人啼笑皆非，这就是猪岛，它位于巴哈马群岛中部。猪岛上到处是天然泉水，同时被邻近的岛屿包围，免受热带风暴、巨浪的侵袭，岛上的主人是一群猪，它们每天悠闲自在，时而在清澈的海水中畅游，时而在柔软的沙滩上酣睡，日子过得安逸而幸福，快活似神仙。

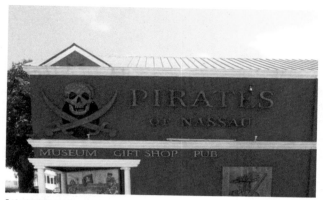

[海盗博物馆]

[海盗徽章]

海盗们留下猪

据当地传说，在海盗横行的年代，巴哈马群岛是加勒比海盗的大本营之一，后来随着各国政府联合围剿，

[猪岛上的猪]
它们有胖胖憨憨的体态，样子都超级可爱。

要想和这些猪合影，就不要给它们吃的，只要看不见食物，它们还是很温顺的，甚至可以摸摸它们，抱着它们拍一些平和的照片。

巴哈马群岛有500多家国际金融机构，仅在拿骚就有近400家外资银行。它的国际放贷业务仅次于英国、美国、日本而居于世界的第四位。

[猪岛的蜥蜴都长得像猪]

海盗们的劫掠生意越来越难做了，于是他们就在群岛中部的一座岛上养起了猪，以备不时之需，后来这个海域的海盗被清剿完了，岛上的猪也就被遗弃了。

[猪岛上向游客乞食的猪]

这些被遗弃的猪却顽强地活了下来，随着时间的推移，猪的数量也在与日俱增，它们学会了很多的生存技能，会向游客讨要食物，陪伴游客游泳，喜欢沿着海岸冲浪，也会热情地欢迎游客，它们成了这座小岛的主人，过着快乐而惬意的生活。

从此，这座被猪占领的岛被称为"猪岛"。这些幸福的猪或在水中嬉戏，或一起在沙滩上午睡，享受日光浴，日子过得逍遥自在。

世界上最性感的沙滩
粉色沙滩

巴哈马群岛被誉为全球最美旅行度假地之一，这里有一片独特、迷人的粉色沙滩，曾经被美国《新闻周刊》评选为"世界上最性感的沙滩"。

1513 年，西班牙殖民者、波多黎各总督胡安·庞塞·德莱昂，为了寻找传说中的不老泉，率领船队沿加勒比海航行，看到了一些被水浸着的岛屿，便为其起名为"巴哈马"，意思是"浅滩"，而粉色沙滩就位于这片"浅滩"之中。

[胡安·庞塞·德莱昂（站着的这位就是）]

世界上最性感的沙滩

巴哈马群岛被清澈透明的海水包围着，有着碧海蓝天、风景秀丽的热带海岛风光，有众多的连绵数千米的沙滩，其中最诱惑人的就是粉色沙滩，其长约 5 千米，曾经被美国《新闻周刊》评选为"世界上最性感的沙滩"。

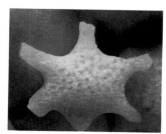

[有孔虫]

有孔虫是一类古老的原生动物，5 亿多年前就生活在海洋中，至今种类繁多。有孔虫是一种单细胞生物，体积非常小，肉眼很难看到。在哈勃岛周边的礁石上，附着许多具有红色或亮粉色外壳的有孔虫。它们被大浪袭击或鱼类冲撞后，就会成团地掉下礁石，最后被冲到了沙滩上，变成了粉红色的"沙子"。

有孔虫遗骸的杰作

粉色沙滩隐藏在巴哈马群岛一隅的哈勃岛上，看上去一片粉红，颜色鲜艳，沙质细软，极具诱惑力。这些粉色的细沙是由近海的一种有孔虫的遗骸混合了白色和

[粉色沙滩]

[粉色沙滩]

巴哈马群岛不仅是旅游者的天堂，还是国际金融中心，被人们称为"加勒比海的苏黎世"。

红色的珊瑚粉末后形成的。当细沙中的有孔虫遗骸比例达到了一定高度后，沙滩便呈现粉色的状态。

水上运动爱好者的天堂

粉色沙滩被清澈湛蓝的海水包围，海水随着颜色从淡蓝变为深蓝而由浅至深，这里是水上运动爱好者的天堂，有帆船、划船、潜水、垂钓、水上摩托、汽艇等水上运动项目。

粉色沙滩美得令人窒息，在这里哪怕什么都不做，就静静地躺着，享受日光浴，欣赏白云从头顶飘过或者聆听海浪拍打沙滩的声音，都能令人怦然心动！

[岛上的教堂都是粉红色的]

[绵延 5 千米的粉色沙滩]

使其成名的并非美景

迈阿密南滩

　　迈阿密南滩是美国著名的旅游景点之一，也是迈阿密最吸引人的地方，它的成名不是因为海景，而是因为奢华、绚丽的生活方式。

　　迈阿密南滩即迈阿密南海滩，位于迈阿密海滩南端闻名世界的 101 海滨公路旁，是迈阿密众多海滩中最著名的海滩，也是迈阿密最吸引人的地方。

让赏风景的人成为风景

　　迈阿密南滩有连绵数十千米的沙滩、细软洁白的沙子和蓝得令人不可思议的天空，海鸟悠闲地在低空中飞翔或在海滩上觅食；身材火辣的性感女郎与健壮的小伙子或躺在沙滩上尽情享受阳光，或三五成群地玩沙滩排球和足球。

　　迈阿密南滩的海床平缓、低浅，海水蔚蓝、清澈，

[101 海滨公路]

美国的 101 海滨公路是许多喜欢自驾游的游客最不愿意错过的一条公路，它北起西雅图，南至墨西哥边境的圣地亚哥。这条公路设计得非常人性化，每隔一段距离会预留一个停车场或几个车位，让游客下车看看风景、拍拍照。

[迈阿密南滩的救生塔]

五颜六色的救生塔是迈阿密南滩的特色风景，据说迈阿密南滩一共有 31 座这样的救生塔，分布在 16 千米长的海滩上。

[美国大陆最南端]

这里是迈阿密的网红打卡地，也是美国的最南端和美国版的"天涯海角"。

迈阿密曾经是一座非常混乱的城市，黑帮横行，现在治安好了很多，但是迈阿密的警车依旧非常多。

可以从沙滩直接走入大西洋的怀抱，无论是潜水、冲浪，还是乘坐快艇疾驰在微波荡漾的海面上，都是一种极美的享受。

迈阿密南滩的一切完全和大海融为一体，即便是海滩上赏风景的人也成为风景。

无愧"派对海滩"之名

迈阿密南滩的风景再美，也无法与马尔代夫、巴厘岛、夏威夷等相比，而使迈阿密南滩闻名于世的并非美景，而是聚集在这里的上百家酒吧、夜店、餐厅、酒店，以及许多历史悠久的精品店。这里还是"夜生活者"的

[迈阿密南滩风景]

[迈阿密南滩上停着的快艇]

天堂，海滩周边充斥着各种风情万种的夜店，被称为"派对海滩"，也是奢华、绚丽生活方式的代名词。

　　迈阿密南滩是迈阿密最拥挤、最充满活力的地方，无数富豪名流将其作为消遣胜地，众多电影明星和富豪在此辟出私家府邸，每年来此沉浸于大西洋的灿烂阳光下，享受奢华的度假生活。

　　迈阿密受庞大的拉丁美洲族群和加勒比海岛国居民的影响很大，与美洲各地的文化和语言关系密切，有时被称为"美洲的首都"。

[迈阿密南滩边的酒店]

迈阿密南滩边有众多各具特色的酒店，这家酒店外墙被刷成了粉色，透着一种浪漫的气息。

[迈阿密南滩]

这是一张从迈阿密南滩边的酒店拍摄的海滩照片。

人间伊甸园

巴拉德罗海滩

巴拉德罗海滩有"人间伊甸园"之称，拥有洁白的细沙、清澈透明的海水、蔚蓝色的天空，是古巴最像天堂的地方。

巴拉德罗海滩位于地形狭长的伊卡克斯半岛上，距离哈瓦那140千米，是古巴距离美国最近的地方，从此向北就是佛罗里达海峡。由于这里只对游客开放，是古巴最不像古巴的地方，却又是古巴最像天堂的地方。

"世界十大最美海滩"之一

巴拉德罗是一处长达20千米的金沙滩，其集大海、沙滩、阳光、蓝色天空为一体，洁白的细沙、清澈透明的海水、蔚蓝色的天空、充足的阳光和含碘的空气构成一幅绝美的画卷，素有"人间伊甸园"之称。它不仅是古巴最大、最受欢迎的海滩度假胜地，也是整个加勒比地区最大的海滨度假区，被誉为"世界十大最美海滩"之一。到过古巴的人称"不到巴拉德罗就不知道古巴的秀美"。

［轮胎船］

巴拉德罗海滩距美国不到100海里，而且这里的海域比较风平浪静，据说每年都会有人划着破橡皮轮胎船偷渡去美国，即使被抓回来了，也只是接受一番教育，第二年又执着地去划轮胎船了。

巴拉德罗海滩的酒店都是国有的，不允许私营。

巴拉德罗海滩所在的马坦萨斯因众多的桥梁而被称为"桥梁之城"，又因三条河流形成的滨水区而被称为"古巴的威尼斯"，还因其是诗人的摇篮而被称为"古巴的雅典"。

［巴拉德罗海滩］

海滩沿线有很多诱人的地方

巴拉德罗海滩是个游泳和潜水胜地，全年都适合游泳和潜水。这里的海滩平稳地伸向海中，即便是不会游泳的人，站在浅水区也能开心、安全地玩耍；海底还有美丽的珊瑚世界和奇特的海洋生物，无论是浮潜还是深潜，都能找到合适的潜点。此外，巴拉德罗海滩还有各种水上运动项目，如帆船、捕鱼、双体船巡航、风筝冲浪、玻璃底船等。

除了水上运动外，巴拉德罗海滩沿线还有很多诱人的地方，如洞穴、湖泊、岛礁、安布罗西澳洞穴考古遗址、治病的泥潭等。

杜邦家族是巴拉德罗旅游的先驱

杜邦家族是美国最古老、最富有、最奇特、最大的财富家族，在第一次世界大战中，杜邦家族靠炸药聚敛了大量的财富，并以每平方米 4 美分的价格，买下了巴

[巴拉德罗海滩]

自 20 世纪 70 年代古巴对外开放旅游以来，1/3 的外国游客将时间全部消磨在了巴拉德罗海滩上。

[土星洞]

这是一个熔岩洞，里面有一大片清澈的湖水，可以潜水或游泳。如果不想在巴拉德罗海滩边晒太阳，土星洞是个理想的避暑地方。

[巴拉德罗海滩潜水]

巴拉德罗海滩有许多适合潜水的区域，可以进行洞穴潜水、夜间潜水，珊瑚海区潜水等。

[安布罗西澳洞穴]

安布罗西澳洞穴位于巴拉德罗海滩的延伸处。因1961年在洞穴深处发现47处绘画而闻名。这些绘画创作于哥伦布发现美洲大陆前，据研究，可能是当时岛上人记录太阳历的一种方式。据传这个洞穴还曾经被出逃的奴隶用作避难所。

　　巴拉德罗海滩位于古巴西北海岸，属于温和的亚热带气候，平均每年日照330天，一年只分干季和湿季两季，每年的9—10月会有飓风，虽然并不是每年的飓风都很大，但是一旦遇到了就会造成严重水灾、破坏，所以去游玩时最好避开这个时期。

拉德罗512公顷的土地，然后修建了高尔夫球场、游艇码头和杜邦豪宅，成了巴拉德罗自然风光最早的开发者。

　　由此开端，美国富人蜂拥而至，连臭名昭著的芝加哥黑手党首领阿尔·卡波内也在巴拉德罗置办了房产。后来古巴革命成功之后，这些地产都被没收为国有，一部分分给了当地居民，一部分改建成了酒店。

杜邦豪宅

　　杜邦豪宅（又名世外桃源豪宅）始建于1928年，是杜邦家族的私人豪宅，这是一座绿色屋顶的西班牙风格建筑，其装潢华丽昂贵，有精致的红木家具、来自意大利的大理石装饰、古铜吊灯，以及名贵的油画等。

　　如今的杜邦豪宅是巴拉德罗的高尔夫球会所，一楼是5间总统套房，二楼是小酒吧，地下还有巴拉德罗最豪华的餐厅。

[杜邦豪宅]

最壮丽的落日海滩
尼格瑞尔海滩

这里远离喧嚣，不适合购物和狂欢，是一处感受落日、享受孤独和品味人生的世外桃源。

[尼格瑞尔海滩]

来到尼格瑞尔海滩，就不得不说一下鼎鼎大名的雷鬼音乐，它是牙买加早期的流行音乐之一，不仅融合了美国节奏蓝调的抒情曲风，同时还加入了拉丁音乐的热情。另外，雷鬼音乐十分强调"vocal"的部分，不论是独唱还是合唱，通常都是用吟唱的方式来表现的，并且借由吉他、打击乐器、电子琴或其他乐器带出主要的旋律和节奏。

尼格瑞尔海滩位于西印度群岛第三大岛牙买加岛的蒙特哥市，其海岸线长 1220 千米，地形以高原、山地为主，东部的蓝山山脉海拔多在 1800 米以上，最高峰蓝山峰海拔 2256 米，沿海有狭窄平原，多瀑布和温泉。

嬉皮士们理想的居住地

尼格瑞尔是牙买加西端的贫瘠地区之一，自 1960 年起，这里就已成为嬉皮士们理想的居住地，"酒神节"和裸体日光浴者使此地名声在外，后来

尼格瑞尔有铝土矿、石膏、铜、铁等矿物。

[蓝山咖啡]

在蓝山山脉的山坡上有大量的咖啡种植园，其中最有名的是"蓝山咖啡"，每年产量的 90% 被欧洲王室及富豪们垄断，真正流通的只有 10%，它被评为"集所有好咖啡的品质于一身"，被誉为咖啡世界中的"完美咖啡"。

[布拉迪湾海滩]

布拉迪湾海滩是"另一个尼格瑞尔海滩"，这里比七英里海滩安静，没有游乐设施，游客也很少，是天体爱好者常光顾的地方。

商人们在尼格瑞尔的海岸线上盖起了酒店、度假村，使其更加正规化、商业化。即便如此，如今海滩上依旧有许多嬉皮士风格的裸体游泳者。

独特的异国风情

当地政府十分重视保护旅游资源，禁止建造超越树冠高度的房屋，所以当地都是清一色的矮房子，看上去或多或少的有些怪异，但却形成了尼格瑞尔海滩独特的异国风情。除此之外，尼格瑞尔海滩东、西两边各具特色：海滩西部相对简朴、古怪，建有许多牙买加当地最具浓郁民族文化风格的精品店、酒店及餐厅；海滩东岸则多是正式、高档的休闲度假村及酒店。

"世界十大著名海滩"之一

尼格瑞尔属于热带雨林气候，年降水 2000 毫米，这里的气候异常稳定，且常年不变，甚至连 10 月的飓风季节，都不会受任何影响。

尼格瑞尔有众多海滩，最有名的就是七英里海滩，它常被认为就是尼格瑞尔海滩。除此之外，还有布拉迪湾海滩，通常被称为"另一个尼格瑞尔海滩"。

尼格瑞尔的海滩都有迷人的白沙滩、美丽的珊瑚礁，

海边有大量的海葡萄和椰树，还拥有世外桃源般的宁静气氛，静得只能听见海风轻拂和海浪拍击海滩的声音，被誉为"世界十大著名海滩"之一。

世界上最壮观的加勒比海落日

在尼格瑞尔海滩上，随处可见游客沿着海岸策马奔腾、骑着水上摩托在海中纵横穿梭、划着双体船沿海岸线滑行，以及悠然自得地驾帆伞滑翔、划皮划艇。

当热闹的一天即将结束时，躺在海边的沙滩椅上，来一瓶红酒，呼吸着拂过的清新海风，静静地欣赏那充满魔幻色彩的夕阳的余晖洒在白砂糖般的沙滩上，微微闭上眼，倾听海浪轻轻地抚摸沙滩上的夕阳余光，这便是"世界上最壮观的加勒比海落日"最正确的打开方式。

尼格瑞尔最早由嬉皮士们开发，人们很少会在这里循规蹈矩，相反，大家都本着真正的嬉皮士精神来此享受生活。

[尼格瑞尔海滩跳崖潜水]

[悬崖咖啡餐厅]

悬崖咖啡餐厅坐落于尼格瑞尔不远处，是当地的网红打卡地，虽然叫作悬崖咖啡餐厅，但这里出名并不是因为有多么美味的食物，而是这座咖啡餐厅坐落在一座海边悬崖上，在这里可以享受到跳海的刺激。

[梅菲尔德瀑布]

除了海滩之外，在尼格瑞尔的丛林中还有很多瀑布，其中最有名的就是梅菲尔德瀑布，它被誉为"牙买加的隐秘瑰宝"之一，是一处不为人知的天然温泉，泉水中含有丰富的矿物质。在瀑布周围还拥有 21 个天然游泳池和超过 52 种蕨类植物。

世界尽头

乌斯怀亚

这里是"世界尽头",是世界上最靠近南极的地方,这里的一切都让人感觉到荒凉和神秘,更是一处带有悲情气质的"天涯海角"。

[火地岛美景]

火地岛一直是亚马纳人和阿拉卡卢夫人等南美洲印第安族群的居住地,由于地理上的隔绝,这些印第安人几千年来一直过着极其原始朴素的生活。1520年10月,航海家麦哲伦来到这里,发现了一个海峡(麦哲伦海峡),并看到附近岛上的原住民燃起的堆堆篝火,遂将此岛命名为"火地岛"。

火地岛很大,东西长450千米,南北长250千米,位于南美洲最南端,隔着麦哲伦海峡与南美大陆相望,其呈三角形,北部宽、南部窄,地势西南高、东北低,是南美洲最大的岛屿。火地岛中西部约2/3属于智利,东部约1/3属于阿根廷,乌斯怀亚是阿根廷的火地岛领土的首府,在原住民部落亚马纳人的语言中,乌斯怀亚的含义是"向西深入的海湾""美丽的海湾"之意。

通往南极的跳板

火地岛不仅是世界最南端的人类居住地，同时也是人类通往南极的跳板，乌斯怀亚作为阿根廷在火地岛上的最重要城市，是大多数前往南极大陆探

[火地岛上的麦哲伦雕像]

[两国国界]

一座锈迹斑斑的三角铁塔就是两国国界，右侧属于智利，左侧是阿根廷。

[火地岛博物馆内的雕塑]

这个雕塑是火地岛原住民曾经的装扮，他们把整个身体藏在奇怪的斗篷下，让人好奇而不解，如今原住民已经消亡，或许已经没有人能解开这个秘密了。

[火山岛美景]

[火地岛上的企鹅]

火地岛上的企鹅种类很多，但是都傻傻的，一点儿都不畏惧人类，甚至会主动来到你的身边，等你用手抚摸它的脑袋。

秘的科学考察船的补给基地和出发点。

　　乌斯怀亚建在山坡上，市内有博物馆、机场和港口，城市主要的街道建在被绿植覆盖的山坡之上，街道上多为规模不大的百货商店、旅馆、饭店和酒吧等，这些店铺主要服务于每年来自世界各地的豪华游艇和帆船。

[火地岛上的房子]

火地岛上的人口非常少，在公路上至少要行走几千米才能遇到一两座这样的房子。

乌斯怀亚是"世界尽头"

乌斯怀亚的面积并不大，只有 23 平方千米，总人口约为 5.7 万人，但知名度很高，它曾是世界上最靠近南极的人类城市，距离南极半岛只有 1000 千米，被誉为"世界尽头"。除此之外还拥有很多世界之最，如世界最南端的灯塔——乌斯怀亚灯塔；世界最南端的人类陆路交通站——乌斯怀亚 3 号公路的终点；世界最南端的邮局——"世界尽头邮局"等。

乌斯怀亚有山、沙、湖、海，还有冰川、森林、飞禽、海兽。每当旅游季节来临时，就会有大量来自世界各地的游客来到这里领略"世界尽头"之美。

[世界最南端的灯塔]
该灯塔建于 1920 年，是这里的一座标志性建筑。

[世界最南端的邮局]
这个简陋的小棚子便是世界最南端的邮局，这里出售明信片、邮票，还可以盖纪念章。这里只有一个工作人员，估计也是世界上最不靠谱的工作人员，因为有很多不确定因素，导致工作人员常常不在邮局上班。

绝美的撼世之作

大脚丫岛

这片茫茫海域中的小岛，犹如上帝散落的翡翠珠子，颗颗都是绝美的撼世之作，在蓝色的玉盘中显得格外的翠绿。

[艾图塔基岛的地上标记]

[鸟瞰大脚丫岛]

从库克群岛的艾图塔基岛，可乘双体船游览艾图塔基潟湖和环潟湖的几座小岛，在这片潟湖中最醒目、最有名的就是大脚丫岛。

大脚丫岛

大脚丫岛位于艾图塔基岛的最南端，形如巨人的一只大脚丫踩踏在海洋之中，岛上有第二次世界大战时期修建的飞机跑道，现在已经被海水侵吞了许多。大脚丫岛上的沙滩很白，但沙子不是很细，沙滩上还有一些枯树枝和贝壳，很适合拍照。

大脚丫岛上有一个只有一个人的邮局，在这里可以邮寄漂亮的明

[大脚丫岛美景]

信片，也可以给护照盖上大脚丫岛的纪念戳。

蜜月岛

在大脚丫岛不远处有一座很小的岛屿，这里的海水清澈见底，深浅层次分明，被称作蜜月岛。蜜月岛很小，是艾图塔基岛的一座小礁岛，岛上有长长的沙滩，游客稀少，特别适合度蜜月的情侣来此享受温馨、浪漫，也因此得名。

[蜜月岛]

宏伟壮观的基督像

基督山

基督山上的基督像犹如救世主一般飘然降临人间，给人一种神秘而宏伟的感觉，是里约热内卢最著名的标志，被称为"世界新七大奇迹"之一。

[远观基督山及基督像]

[登山小火车]

基督山有专为游客登山顶服务、只有三节车厢的小火车，小火车沿途穿过茂密的雨林，途中还会偶见狐猴、松鼠等野生动物。

基督山本名科尔科瓦多，葡萄牙语意为"驼峰"，它位于巴西第二大城市里约热内卢西面景色秀丽的海岸边，海拔709米，其景色秀丽迷人，是巴西最著名的风景区，也是里约热内卢乃至整个巴西最著名的标志。

高大的基督像

基督山上屹立着一尊高大的基督像。基督像线条明朗，呈浅绿色，从里约热内卢的每个角落远远望去，都可以清晰地看到基督受难的身影，堪称世界上最有名的巨型雕塑珍品之一。它的高度为38米，两手向两旁平伸开，被钉在受难十字架上，宽度达

"世界新七大奇迹"分别为中国万里长城、约旦佩特拉古城、巴西里约热内卢基督像、秘鲁马丘比丘遗址、墨西哥奇琴伊查库库尔坎金字塔、意大利罗马斗兽场、印度泰姬陵。

28 米，整座雕像用钢筋混凝土堆砌雕塑而成，总重量为 1200 吨。基督像下有一个小教堂，供虔诚的基督徒来此祈祷。

成为朝圣地

巴西是世界上最大的天主教国家，全国有 90% 以上的人都笃信天主教。在 1922 年，巴西独立 100 周年时，巴西总统佩索阿批准巴西天主教团和修女们的联合签名要求，筹建基督像，经巴西著名雕塑家瓦尔·科斯塔近 10 年的研究、勘探、设计和施工，于 1931 年完成基督像的雕塑。此后，罗马教皇和巴西大主教以及当地的政府官员，都曾来此地做礼拜和参加各种活动，使这座基督像成为朝圣地，从此以后，天主教徒可以在基督像前接受洗礼和宣布结婚。

[张开怀抱的基督像]

2007 年，巴西里约热内卢的基督像被全世界的网民评为"世界新七大奇迹"之一。

[俯瞰里约热内卢]

[从山脚下仰视基督像]

里约热内卢是巴西仅次于圣保罗的第二大城市，有"狂欢节之都"的美称。

据气象专家儒尼奥尔介绍，作为里约热内卢市名片之一的基督像每年被雷电击中 3 ~ 5 次，避雷针并不能起到 100% 的保护作用。2014 年 1 月 17 日，基督山教堂确认，基督像在 16 日晚间遭到雷击，雕像右手手指损坏。

里约热内卢是世界著名的旅游胜地，有 30 多处海滩，总长度达 200 千米，其中最著名的海滩为长 8 千米、呈新月形的科帕卡巴纳海滩。

里约热内卢气候湿润，基督山上铺锦叠翠，奇花异草争芳斗艳。山顶的基督像伸出双臂拥抱着整座城市，山顶可俯瞰里约热内卢城的每一个角落，山下有茂密的森林，城内高楼林立，海上巨轮往来穿梭，构成一幅生动、美丽的画卷。

里约热内卢一词来自葡萄牙语，意思是"一月的河"，1502 年 1 月葡萄牙探险家佩德罗·阿尔瓦雷斯·卡布拉尔首次航行至瓜纳巴拉湾，误认为瓜纳巴拉湾是一条大河的入海口，将其命名为里约热内卢。该城市修建于 1565 年，1763 年里约热内卢成为巴西的首都，直至 1960 年巴西将首都迁至内陆的巴西利亚。

度蜜月的最理想选择
海螺贝壳屋

这是一座用海螺贝壳建造的白色小屋，每个路过的人都会不由自主地被吸引，并在屋前驻足，把自己幻想成王子、公主、美人鱼……

[海螺贝壳屋 1]

海螺贝壳屋坐落于墨西哥金塔纳罗奥州的穆赫雷斯岛（女人岛），是一座极其梦幻的建筑，也是岛上最大的看点和最受欢迎的地方，还是新婚夫妇度蜜月时最理想的选择。

贝壳屋

穆赫雷斯岛（女人岛）是一座坐落在加勒比海中的岛屿，这里不仅有热闹的海滩、多彩的房子和宁静的小巷，还有众多度假酒店，但是岛上最有特色、无人不知的是海螺贝壳屋。

海螺贝壳屋连续 5 年拿到全球领先旅行平台"猫途鹰"的最佳住宿认证，就连知名民宿"爱彼迎"全球官网都常常在首页推荐它。

[海螺贝壳屋 2]

[女人岛美景]

　　关于海螺贝壳屋，岛上的原住民会神秘兮兮地介绍：这是世界上最大的"贝壳"，岛上的人把螺肉吃掉后，再把贝壳卖给了住在这里的外国人，建造了这座海螺贝壳屋。

尽显海洋的浪漫

　　海螺贝壳屋由一大一小两个白色、奇特的贝壳造型的屋子组成，外墙用当地大大小小的石头、混凝土以及贝壳等砌成。

[海螺贝壳屋院中的游泳池]

　　海螺贝壳屋内部的装饰同样充满海洋气息，利用了许多海洋元素，如海螺、贝壳、珊瑚、晒干的海藻类植物的装饰插画、海螺形的旋梯、嵌满贝壳珊瑚的镜子、贝壳形的水龙头、肥皂盒、灯罩等，尽显海洋的浪漫。

海螺贝壳屋院落中间有一个心形的露天游泳池和水力按摩池，屋子外面正对着蓝色的加勒比海，可以在游泳池内畅游，并享受水力按摩的乐趣。

奥克塔维亚·奥坎波创作的奇妙画中画，远观近看各不同！

弟弟建造了这座浪漫的小屋

有人说海螺贝壳屋是由墨西哥的知名画家、雕塑家和表演艺术家奥克塔维亚·奥坎波设计和建造的。事实上，这座奇特的海螺贝壳屋是他的弟弟爱德华多建造的。爱德华多刚来到岛上时只是为了度假，但是很快被岛上的风景吸引，便在岛上买了座房子住了下来。后来哥哥奥克塔维亚也被这里的美景吸引，成了弟弟家的常客，弟弟觉得家里的房子有点拥挤，所以就在海边建造了这座幽静、安逸的海螺贝壳屋，最初的目的只是供一家人享受生活、放松心情，以便哥哥在雅致的小屋中创造出更多、更好的艺术作品。后来，海螺贝壳屋因其独特的外形而闻名遐迩，世界各地的游客慕名而来观赏，他们就搬出了小屋，这里成了游客们、特别是新婚夫妇度蜜月的天堂。

[海螺贝壳屋 3]

女人岛

穆赫雷斯是西班牙语中的女神的意思，因最初到达这里的西班牙人在岛上发现女神像而得名。该岛本是主宰月亮、生育、医学、幸福的玛雅月亮女神伊克舍尔和她的女祭司的庇护场所，所以岛上有许多各种姿势和神态的女神雕像。

另外还有个传说：在西班牙殖民早期，有一位西班牙船长因千方百计都无法得到当地一位女子的芳心而气死在岛上，此后，当地人为了颂扬这位女子的坚贞而将该岛称为"女人岛"。

让人想象不到的美

布拉格堡玻璃海滩

很难相信如此美丽的海滩居然是由废弃的玻璃碎片经过若干年的海浪打磨而成的，它是自然界赐予人类的璀璨之地，在阳光的照耀下，"玻璃海滩"更是炫彩夺目。

[布拉格堡海岸线上大大小小的礁石]

[布拉格堡海岸线上的怪石]

玻璃海滩位于美国加利福尼亚州布拉格堡的海岸上，从布拉格堡小城中心路可直接进入通往海岸的小街，小街的尽头就是长长的布拉格堡海岸。

美不胜收

布拉格堡的海岸外是一望无际的太平洋，岸边布满了大大小小的礁石，在礁石的间隙中有一个远远看去并不起眼的海滩，这便是玻璃海滩。

当走上海滩，层层海浪扑打在礁石和海滩上，溅起白色的浪花，在浪花的冲刷下，海滩上会出现五颜六色的光芒：银色、绿色、蓝色、橙色，偶尔还有红色，这是海滩上的玻璃颗粒在阳光下反射出的亮光，简直美不胜收。

[没有棱角的玻璃颗粒 1]

被丢弃的玻璃碎片

玻璃海滩上的玻璃颗粒虽然和沙子是同样的物质构成——二氧化硅，但是它们却非天然形成，而是由数不清、被丢弃的玻璃碎片经日积月累的海水冲刷后形成的。

1950—1967 年，布拉格堡及周边的居民没有环保意识，把这个海滩当作垃圾场，将啤酒瓶、玻璃瓶的碎片和各种废旧的电器，甚至报废的汽车随意地丢弃在海滩上，后来人们意识到环境保护的重要性，于是开始整治各种垃圾，将大量的垃圾清理出海滩，但是由于玻璃碎片太多，而且都已经破碎，根本无法清理，就被留在了海滩上。

这些无法被清理的玻璃碎片，被太平洋的海水冲刷成了圆形、椭圆形等不规则、没有棱角的颗粒，成了海滩上耀眼的沙粒，如同一个宝石王国，让人眼花缭乱。

目前，玻璃海滩成为一个热门旅游景点，每到旅游时节，就有大批的游客来到这里，一睹玻璃海滩的别样风光。

[没有棱角的玻璃颗粒 2]

当地政府为了保护该海滩，不允许游客带走海滩上美丽的玻璃颗粒。

[俄罗斯乌苏里湾玻璃海滩]

无独有偶，在俄罗斯的乌苏里湾也有处著名的玻璃海滩，它也是由玻璃垃圾形成的海滩。这些玻璃垃圾来自苏联时期的玻璃工厂倾倒在海边的玻璃瓶废料以及当地人的生活垃圾，如伏特加酒瓶、啤酒瓶等，随着时间的推移，大自然把这些瓶子碎片慢慢打磨成了"玻璃鹅卵石"。

世界上最高的潮汐所在地
芬迪湾 ⋯⋯

在这里可感受到世界上规模最大、最高的潮汐的魅力，领略独特的红褐色砂石岩柱群在潮涨、潮落之间的震撼与磅礴之美，欣赏退潮后的海床如同油画般的唯美景致。

芬迪湾大潮是潮汐共振的结果，当大浪从海湾的入海口到远岸再回到入海口，所需的时间与涨潮和退潮之间的时间相同或几乎相同，就会发生潮汐共振，从而放大了潮汐，在一些特殊时期，芬迪湾大潮能超过 20 米。

芬迪湾潮差如此大的原因有两个：一是由于这是一个狭长的海湾，强劲的波浪一路传到漏斗形的海湾内部，加上海水产生的共振效应，潮水被推向最高点；二是每次涨潮时，都有多达 1000 亿吨的海水冲进芬迪湾，这已经超过了全世界所有淡水河水量的总和，一路往前冲的潮水将海水推高。

芬迪湾位于大西洋沿岸，在加拿大东南部的新斯科舍省和新不伦瑞克省以及美国缅因州之间。它以迅速涨落的潮汐而闻名于世，拥有世界第一潮汐差，被誉为"全球海洋奇观"之一。

芬迪湾原本是陆地峡谷

芬迪湾原本是陆地峡谷，冰河时期结束后才逐渐形成海湾，湾口宽 92 千米，从湾口向东北延伸 241 千米，沿岸经冰雪、风雨侵蚀和潮汐日夜冲刷，展现多种多样的缤纷

[涨潮时的好望角石林]

风貌，形成无数小海湾和几个深水港湾，平均深度 90 米，其中有名的海湾有奇内克托湾和明纳斯湾。芬迪湾内有较大的港口城市圣约翰、圣安德鲁斯、迪格比和汉茨波特等。

好望角石林

好望角石林位于奇内克托湾内，是由芬迪湾潮汐冲击而形成的一片岩石柱群，有花瓶岩、象鼻岩、熊状岩等，巨大的红褐色砂石岩柱仁立在海边，仿佛是因被上帝惩罚而变成石头的巨人。

好望角石林前面是波涛汹涌的大西洋，后面是树木参天的原始森林，这里是世界上少有的森林与海洋完美结合的地方，整个石林会随着潮涨、潮落而出现或消失，特别是涨潮之时，这些奇特的岩石会被淹没，只留下红

[花瓶岩]
退潮后的花瓶岩像一个伸出地表的脖子上顶着大大的脑袋。

[象鼻岩]
好望角石林的岩石多为上粗下窄的花瓶形状，有的底部还被海水侵蚀成一个个洞穴，人们可以在其中钻来钻去。

[好望角石林]
"Hopewell Rocks"有个意译的中文名字，叫作好望角石，听起来很不错，不过却丢了英文中的复数词尾，称为好望角石林或许更贴切些。好望角石林指的是这一带海滨山崖旁形状各异的礁石总称，包括最有特色的花瓶岩，以及附近的两处景点：大海湾和钻石岩。

[退潮后的愤怒角]

[逆流瀑布提示牌]

色岩石兀立在湛蓝海洋中，令人叹为观止，更显芬迪湾的壮美。

愤怒角观潮点

愤怒角距离好望角石林不远，和好望角石林一样，也是观看芬迪湾大潮的好地方，这里的礁石虽然没有好望角石林的那么唯美，但是数量众多，使整个海域变得格外凶险，尤其是涨潮时，海潮会异常凶猛，因而得名愤怒角。

愤怒角的最佳观潮点是岸边悬崖上的灯塔处，该灯塔始建于 1840 年，在此守候了芬迪湾200 多年，是愤怒角乃至芬迪湾的著名景点。

逆流瀑布

芬迪湾形状狭长，湾口大，像个长长的喇叭，便于潮波能量的汇聚，然后涌入内河，将河水推高，逆向倒流，形成芬迪湾不容错过的奇景。观看这种水流逆流而上的奇景的最佳地点是新

[愤怒角灯塔]

这是一座矗立在公园周边地区的灯塔，在此可以观看芬迪湾大潮和大西洋日落。

[逆流瀑布大桥]

[世界最高潮汐所在地告示牌]

早在 1604 年，奉命到芬迪湾探险的法国探险家萨缪尔·德·尚普兰抵达了圣约翰河河口，那天刚好是天主教中的圣约翰日，尚普兰就把这条河命名为圣约翰河，并在河口建立了最初的定居点。

不伦瑞克省的最大城市——圣约翰市的逆流瀑布大桥。

每次涨潮之时，超过全世界所有淡水河水量总和的海水会冲进芬迪湾，再冲进圣约翰河，使得海水逆流而上，而当退潮时，河水急速往下流，遇到水面以下的暗礁便形成漩涡，似水在倒流，这就是逆流瀑布奇观。

芬迪湾是鲸的天堂，座头鲸、小须鲸、引航鲸和稀有的露脊鲸从加勒比海陆续洄游到此。

游客可以在愤怒角乘坐滑索飞跃芬迪湾，享受别样的刺激。

在芬迪湾可以观测到十几种鲸、海豚和鸟（海鹦、信天翁和苍鹭等）。

世界最高潮汐所在地

芬迪湾有众多的观潮点，其中潮汐最大的观潮点在本特寇特海德公园。

本特寇特海德公园位于新斯科舍省沃顿河口不远

[乔金斯化石断崖]

乔金斯化石断崖位于芬迪湾入口处，占地 689 公顷，这个地区经过潮汐作用不断侵蚀，形成 23 米高的断崖。该断崖记录着 3 亿年前后石炭纪煤炭形成时期的地质史，是一处世界级古生物学遗址，而且科学家们经常会在这里发现新化石。

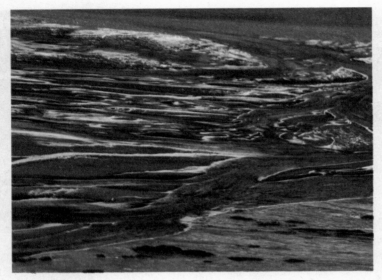

[退潮后的赤红海滩]

芬迪湾的温暖阳光照射在绵延数千米的泥滩上，甲壳动物和软体动物遍布整个泥滩，在夏季时，白嘴潜鸟、金翅雀、游隼等会迁徙来此享受阳光海滩与美食。

处，这是世界上最高的涨潮地，在公园的入口处有一块告示牌，上面写着"Site of the World's Highest Tides"（世界最高潮汐所在地）。这里的平均潮汐差 14.5 米，最大值达 16.3 米，特殊时期甚至能超过 20 米，场面壮观，堪称一绝，当之无愧冠绝全球。

退潮之后，露出弯弯曲曲的海床：海滩赤红，海水幽蓝，波光似白雪，镶嵌着点点赭黑色的礁石和片片蜡黄的海草，在海水冲刷形成的水坑中，还可以发现滞留的小型海洋生物，此时整个海床极像一幅举世无双、瞬息万变的天然油画。

世界遗产地和生物圈保护区

芬迪湾的潮汐扰动着海水，带动海底养分涌升，构成浮游生物最理想的生长条件，而浮游生物供养着珊瑚、海葵、海鞘、磷虾，使它们大量生长，又给鲸、鲨、海豚、海豹、龙虾提供了充足而营养丰富的食物来源。除此之外，退潮后海边泥滩还成了海鸟、海狸、麋鹿等的生存天堂，形成了芬迪湾富饶而缤纷的海洋生态系统，被联合国教科文组织列为世界自然遗产和生物圈保护区。

芬迪湾独一无二的世界最高的潮汐、海陆并存的生态系统以及悠久的人文景观，让它成为闻名遐迩的度假胜地。

童话中的海底小屋
朱尔斯海底小屋

这是一处与世隔绝的海底小屋，位于长满红树林的环礁湖中，完全没于海水深处，如同童话中才会出现的建筑。

[朱尔斯海底小屋]

设施齐全

朱尔斯海底小屋也叫基拉戈海底小屋，是海底酒店的鼻祖，坐落于美国佛罗里达州南部著名的潜水胜地基拉戈岛。海底小屋如同童话中的建筑一样，位于长满红树林的环礁湖里，它完全没于海水深处，距离水面约9米。其外形类似巡洋舰的船舱，内部拥有两间舒适的卧室、一间公用厨房、一间餐厅。虽不奢华，但设施齐全，有热水淋浴、带有冰箱及微波炉的厨房、电视、对讲机以及播放器等。

最让人咋舌的是，在朱尔斯海底小屋内还能叫外卖，只需一个电话，就会有穿着潜水服的外卖小哥将美食送到你的面前。

[朱尔斯海底小屋外景]

朱尔斯海底小屋的前身是一间海底生态研究室，后来该研究室搬迁，遗留的海底建筑就被改建为如今的海底旅馆。游客必须潜水9米，穿过热带鱼群后才能到达这座独一无二的海底旅馆。

即使是从来没有尝试过潜水的人也可以进入朱尔斯海底小屋，在专业潜水教练的陪同下通过3小时的潜水课程培训即可。朱尔斯海底小屋还提供潜水证书培训、潜水课程培训等项目。

需要潜水才能进入

基拉戈岛拥有美丽的海滩，可以冲浪、游泳、打沙滩排球、划皮划艇、坐游船游玩等。不过想要进入朱尔斯海底小屋并不容易，因为小屋入口在屋底部，屋内充满压缩空气，为防止周围的海水进入，需要戴上呼吸器才能进入。

因此，想要在这座独一无二的海底旅馆中住宿，必须会水肺潜水，沿垂直方向潜入水下9米，穿过热带鱼群即可到达房间。进入小屋后，便可欣赏到玻璃窗外的天使鱼、鹦嘴鱼、梭鱼以及其他悠然游弋的珍稀海洋生物。

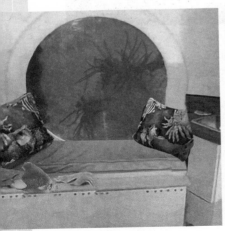

[朱尔斯海底小屋客房窗口]

[朱尔斯海底小屋客房]

非洲篇

隐秘而神秘的岛屿
管风琴岩岛

　　它是一座古老、神秘且风光绮丽的小岛，有戈壁般的壮美，虽然与巨人之路非常相似，但是却非常宁静，是一个让人看一眼就会深深迷上的地方。

[管风琴——4 世纪时的壁画]

管风琴是风琴的一种，属于气鸣式键盘乐器，靠铜制或木制音管来发音。它是一种流传于欧洲的历史悠久的大型键盘乐器，距今已有 2200 余年的历史。

　　诺西贝群岛中隐藏着一座非常有特色的岛屿——管风琴岩岛，它是一座位于马达加斯加北岸 70 千米处的袖珍岛屿。

成百上千圆柱体火山岩

　　管风琴岩岛大约形成于 1.25 亿年前，即马达加斯加与非洲大陆分离之时。岛上有排列有序的管状玄武岩，形如巨大的管风琴，成百上千闪着铜光的圆柱体火山岩直刺天空，与北爱尔兰著名的巨人之路非常相似。这些圆柱体火山岩是火山爆发后迅速喷涌而出的岩浆沉积而形成的，单根最长达 20 米，树木则像标本一样镶嵌在其中。

[北爱尔兰著名的巨人之路]

美妙的管风琴岩

　　管风琴岩岛铜褐色的火山岩上布满垂直条纹，藏有4000万年前大量灭绝的鱼类形成的化石；在如同荒凉戈壁般的管风琴岩上，还顽强地生长着一些植物，甚至还有小树从岩缝中挤了出来，让每个发现它们的游客都为之惊叹；在管风琴岩岛海底深潜时，还能发现因从火山岩上剥落而沉积在海底的化石碎片。

　　根据2008年1月英国皇后学院的一份报告，由于全球变暖导致海平面上升，巨人之路这一世界自然遗产正在面临威胁。据预测，到21世纪末，海平面将上升1米，而更严重的是随之而来的海浪和风暴将更加猛烈地袭击巨人之路，报告预测在2050—2080年，巨人之路上的石块将变得更加陡峭，到22世纪初，人们将难以见到部分巨人之路上的独特景观。

[管风琴岩]

[管风琴岩岛]

动植物种类繁多

　　管风琴岩岛是一座长 12 千米、宽 3 千米的无人岛，岩石缝隙过滤出来的纯净雨水，滋养着岛上的植物和大量鸟类，包括褐鲣鸟、北方塘鹅、白尾鹲，以及全球最珍稀鸟类之一的军舰鸟和濒临灭绝、被誉为"天空之王"的马达加斯加海雕。附近的海湾中则有绿海龟和宽吻海豚等。

　　管风琴岩岛远不如巨人之路热闹，这里每年只有几百位游客造访，并且只能乘船抵达，也许正因为交通不便，才使这里一直保持着原始的自然景观。

[马达加斯加海雕]

[军舰鸟]

诺西贝群岛是军舰鸟的栖息繁殖地之一，这里最大的军舰鸟群可达 100 对。

唯一知名的"海盗坟场"
布拉哈岛

　　这里是传说中的"金银岛"，曾是海盗们的天堂，也是海盗们藏匿财宝的地方，海盗们死后被埋入了"海盗坟场"，他们的灵魂依旧守护着他们的宝藏，眺望着他们热爱的海洋。

[布拉哈岛美景]

　　看过好莱坞电影《加勒比海盗》的人，一定会对海盗们的生涯感到好奇，"他们驰骋于海洋之间，与巨浪作斗争，不断的掠夺使他们拥有数不清的珍宝……"布拉哈岛就是海盗们藏匿宝藏的地方。布拉哈岛又叫圣玛丽岛，位于南半球非洲大陆的东南部，距离马达加斯加的东北海岸 8 千米，在塞舌尔群岛以南不远处，岛屿长 60 千米、宽 10 千米，面积 222 平方千米。

[《加勒比海盗》剧照]

[托马斯·图的海盗旗]

托马斯·图是 17 世纪时的希腊私掠船长、海盗，出身于罗德岛，通过贿赂官员取得袭击法国港口的私掠许可证，但他违背私掠许可证的约定，拉拢船员沿达·伽马开拓的航线往印度洋前进，因此他也被称作"海盗中的达·伽马"。

[托马斯·图墓碑上的海盗骷髅旗]

托马斯·图曾在红海劫持过一艘莫卧儿帝国的宝船，制服了船上 300 名印度士兵，获得船上的许多财宝，随后更贪婪地在阿拉伯海和印度洋展开长达 22 000 海里的疯狂劫掠。

据说，在布拉哈岛的宝藏中，其中随便一件就可以让人舒坦地过上几年，而且令人羡慕的是，这些宝藏全部归发现者所有。

海盗们的大本营

布拉哈岛处于印度与欧洲的航线之中，是一座偏僻的岛屿，岛上布满石头和茂密的椰树，是非常好的藏匿之地，加上布拉哈岛及周边气候适宜，于是 17—18 世纪时大量海盗聚集于此，在布拉哈岛海域掠夺南来北往的商船，并藏匿在岛上纵情享受生活，这里一度成为海盗们的大本营。

海盗们死后的天堂

海盗们在布拉哈岛上逍遥了 100 年左右，他们活着的时候在这里纵情享乐，死后也埋葬在岛上，如今布拉哈岛上埋葬了数千名海盗，如此多的海盗坟墓聚集在一起，使它成为世界上唯一一个知名的"海盗坟场"。

在"海盗坟场"中还埋藏着 17 世纪最疯狂的海盗托马斯·图，他的墓碑上刻有象征海盗的骷髅旗——一个颅骨底下画着交叉的长骨。

金银岛

民间有传闻，海盗们将掠夺来的财宝藏在某座岛屿中，这座岛屿被称作"金银岛"，谁能发现它，就能拥

[在海中漂荡的财宝箱]

有数不尽的财富。

　　"金银岛"的传说并非空口杜撰，而是真实存在的，布拉哈岛就是其中之一。这里虽不是遍地黄金，但是考古学家在其周围的海底发现了3艘古船遗骸，这些船或许是海盗船，也或许是被掳掠的商船，船内发现了大量的财宝，包括金币、金银器皿、古兵器和陶器等。这里的任何一件物品都能换来巨大的财富，而且古船遗骸只是被发现的财宝之一，岛上还有很多没有被发现的财宝，它们随着海盗们的尸体被埋入了"海盗坟场"。

[座头鲸]

观鲸之地

　　每年会有大量从南极而来的座头鲸洄游到布拉哈岛与马达加斯加岛之间的狭窄海峡进行交配和分娩，这里因此成为座头鲸的重要繁殖地之一。最吸引人的是，这个时候鲸受荷尔蒙的刺激，会腾空跃出海平面，激起巨大的浪花，场面非常壮观。

　　每年的7—9月是布拉哈岛的观鲸时间，其他时间鲸不在这片海域。布拉哈岛的观鲸点很多，有椰子湾、LaCOCOTERAIE海难遗址、阿尼沃拉诺岩石、PointeAlebrand 等。

[辐射陆龟]

辐射陆龟也叫放射陆龟，是一种龟甲花纹非常美丽、成辐射状的陆龟。

世界最美的沙滩之一
德阿让海滩

德阿让海滩又称为天堂海滩，被美国《国家地理》杂志评选为"世界最美的沙滩"之一，它不仅是一个度假胜地，还是众多电影的取景地，《007》《侏罗纪公园》和《艾曼纽》等电影都曾在此取景拍摄。

德阿让海滩是塞舌尔岛上唯一需要购买门票后方能进入的海滩，门票价格"高达"100卢比，和它的美一样让人意想不到。

由115座大小岛屿组成的岛国塞舌尔，有大小海滩不计其数，其中最美的海滩——德阿让海滩位于塞舌尔的第三大岛拉迪格岛上，它被美国《国家地理》杂志评选为"世界最美的沙滩"之一。

[德阿让海滩的礁石]

德阿让海滩非常狭窄，沙粒粗大，颗粒分明，还混杂着珊瑚碎片。海滩附近有小酒吧，可以享受美味。

热带风情

拉迪格岛占地面积只有15平方千米，被珊瑚环礁包围，常住人口为6000人，这里民风淳朴，岛上未被过度开发，处处保留着原始风貌，给人一种世外桃源之感。

拉迪格岛处处都能让人感受到浓郁的热带风情，岛

[德阿让海滩海天相接的美景]

上没有机动车，交通工具只有牛车、自行车和小船。不管使用哪种方式环岛一周，大概只需要 2 小时。

德阿让海滩被一个庄园包围，这个庄园叫椰树干工厂，也有人叫联合庄园，庄园内部除了一些木屋外，还有一片植物园，有椰树、热带地区的花卉和水果等。德阿让海滩是塞舌尔唯一需要购买门票后才能进入的海滩，检票口就在这个庄园内。

迷人的海滩

德阿让海滩是拉迪格岛乃至塞舌尔众多海滩中最出众的海滩，这里的蓝天、白云、绿叶、岩石、沙滩、海水构成一幅绝美的天然画卷。在这幅画卷中，虽然淡粉色的沙滩惹人注目，但最惹眼的还是海滩上凌乱散落着的一些形状各异的巨大花岗石，这些巨石在海浪常年的冲刷、打磨下，变得既极富棱角，又极尽曲线之美，使本来就绝美的德阿让海滩变得更加迷人。

[《艾曼纽》剧照]

[《侏罗纪公园》剧照]

[德阿让海滩上的巨石]

众多影视作品在此取景

　　电影《007》《侏罗纪公园》《艾曼纽》都曾在德阿让海滩取景拍摄，如今海滩上依旧能看到当时为拍摄《艾曼纽》而搭建的栈桥，它孤单地立在淡粉色的沙滩上，供游客参观。

[《007》剧照]

[德阿让海滩美景]

最深邃的凝视

萨尔岛蓝眼睛

当你凝望洞穴的时候，洞穴中同样有一双眼睛用深邃的目光凝望着你，这种感觉让人如同被施了魔法，无法逃离。

★

萨尔岛位于西非佛得角的东北端，面积为216平方千米，是佛得角最平坦的岛屿，这里全年气温很少低于25℃，降雨量非常小，因美丽的海滩和深邃的蓝眼睛而闻名于世，成为欧洲人的"度假后花园"。

海水浮力很大

萨尔岛在葡萄牙语中称为"Ilha do Sal"，其中"Sal"在葡萄牙语中的意思是"盐"，所以萨尔岛也称为盐之岛。这里有佛得角最美的海滩——圣玛利亚海滩，其绵延8千米的沙滩沉浸于蔚蓝色的海洋之中。这里的海水盐度很大，比死海更温暖、更咸，漂浮

[萨尔岛上的教堂]

在佛得角，最便宜的就是当地葡萄牙风味的美食，比如佛得角的"国菜"——卡丘帕（Cachupa），它由豆类、玉米、红薯、猪肉、香肠、鱼类慢炖而成，味道鲜美。这里的海鲜种类丰富，喜欢美食的朋友不可错过。

[圣玛利亚海滩]

[萨尔岛盐场]

萨尔岛的盐场很有名，从 19 世纪开始，这里的盐就出口到巴西、非洲大陆等地。

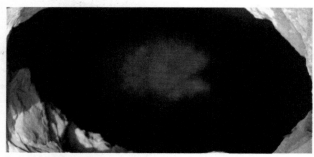

[深邃的"蓝眼睛"]

低潮期时，洞里的水位很低，洞口附近很危险。

[和大海连着的火山口]

"蓝眼睛"附近还有一个和大海连着的火山口，海水倒灌进去，拍打崖壁，激起雪白的浪花，很壮观。

更容易，不管会不会游泳，只要下水躺着或者趴在水面上，稍微划几下就不会沉下去。

蓝眼睛

萨尔岛除了海滩之外，最让人难以忘记的就是一个奇妙的水下洞穴——"蓝眼睛"。"蓝眼睛"位于萨尔岛的帕尔梅拉港口以北约 5 千米处，是一个连接着大海的地下洞穴，当阳光照射洞穴内蓝宝石般的海水时，会呈现绿松石般的景色，仿佛在注视着外面，当地人称之为"蓝眼睛"。这里是潜水者探秘的地方，穿上水肺装备，便可潜入洞穴之中一探究竟。除此之外，萨尔岛上还有很多水下洞穴和海底沉船，可供游客探秘和潜水。

神奇的归墟之地

毛里求斯海底瀑布

马克·吐温说过："毛里求斯岛是天堂的原乡，因为天堂是依照毛里求斯而打造出来的。"于是毛里求斯被赋予了"天堂的原乡"的美名，而海底瀑布则是这个天堂中最美的点缀。

毛里求斯的面积为 2040 平方千米，是非洲东部的一个岛国，位于印度洋西南方，被称为"印度洋门户的一把钥匙"。在毛里求斯众多美景中，最震撼游客的当属海底瀑布。

透明到极致的小岛

毛里求斯岛像一块碧绿色的翡翠，被周边一层浅绿色、如同水晶体的海水包围着，浩渺、蔚蓝的印度洋高达两三米的巨浪拍打在毛里求斯岛海岸，如同给整座毛里求斯岛绣上了一圈白色闪亮的花边。

毛里求斯岛周边的海水呈现绿色、橙红色、白色等自然色彩，混合起来又变成另一种充满神秘感的色调。

> 毛里求斯岛属于毛里求斯共和国，是一座位于马达加斯加岛和塞舌尔西边的火山岛，岛上熔岩广布，多火山口，形成了千姿百态的地貌。

[毛里求斯岛美景]

[毛里求斯岛上的大片潟湖]

毛里求斯岛被珊瑚礁包围着，这里拥有多样化的生物，也是大量濒危珊瑚的栖息地，在岛屿的西南角是有名的莫纳山和一大片潟湖，著名的海底瀑布就在这个神秘的水世界之中。

海底瀑布

毛里求斯岛西南角莫纳山下的潟湖之中有一道非常神奇的海底瀑布，远观好像由大量银白色的"水"顺着海底悬崖边直冲而下，很快就没入了更深、更黑的海底深渊，如同《山海经》中描述的归墟之地，海水不断地被吞噬。海中为什么会出现瀑布奇景呢？

原来莫纳山下的沿岸珊瑚礁形成了一条很深的沟壑，这种突然的落差，最大处可达到3500米，因为受到光的折射影响，水折射出各种不同颜色，再加上海底的细沙和淤泥顺着洋流，源源不断地流向地势稍高的大陆架边缘，然后顺着大陆架边缘坠入数千米深的海底。登上莫纳山，从高处俯瞰，感觉上就像看到真的瀑布，让人觉得不可思议。

[海底瀑布]

海底瀑布是毛里求斯的一张名片，完美地诠释了毛里求斯典型的非洲面孔——热烈奔放，骨子里却透露着法国的浪漫、英国的优雅和印度的妩媚。

莫纳山的黎明

[莫纳山近景]

1598 年，荷兰殖民者来到这里，并以荷兰莫里斯王子的名字将其命名为"毛里求斯"，将岛西南角的荒山命名为悲伤山。1715 年，法国殖民者占领毛里求斯岛后，将其改名为"法兰西岛"，将悲伤山改名为莫纳山。

传说，19 世纪初，在毛里求斯奴隶制度被废弃前夕，有一群奴隶不堪剥削，逃亡到莫纳山避难。这群奴隶并不知道在他们逃亡的过程中奴隶制度被废除了，当他们看到一队士兵向莫纳山而来时，十分惊恐，退到悬崖边，由于害怕被抓，大量奴隶从悬崖上跳下身亡。

[灭绝的渡渡鸟]

毛里求斯曾是世界上唯一有渡渡鸟的地方，这是一种不会飞的鸟，但该鸟已于 17 世纪末绝种。毛里求斯茶隼和粉鸽也是世界上的珍稀动物。

[鸟瞰莫纳山]

非洲大陆海角

好望角

俗话说，到南非不到开普敦，等于没来过南非；到开普敦不到好望角，等于没来过开普敦。好望角作为一个传奇地，历史上曾是航海家们最想征服的一个岬角，也是水手们口中的"鬼门关"。

好望角的意思是"美好希望的海角"，距南非开普敦市中心约 50 千米，是非洲西南端一个著名的岬角。

好望角及其邻近海域一直是印度洋与大西洋互通的航道要冲。

世界上最危险的航海地段

好望角地处来自印度洋的温暖洋流和来自南极洲水域的寒冷洋流的汇合处，受温差很大的两股冷暖洋流夹击，因此这里风暴强劲，常年惊涛骇浪不断，此外常常有"杀人浪"出现，整个海面如同"开锅"了似的翻滚，航行到这里的船舶往往遭难，因此，这里最早被称作"风暴角"，是世界上最危险的航海地段，水手们则把好望角的航线比作"鬼门关"。

好望角终年西风劲吹，风暴频繁。夏季时西风咆哮而过，冬季更是寒风凛冽，常年的西风把海水也驯服得环绕地球由西向东奔涌，形成了著名的"西风漂流"。

关于好望角名字的由来

关于好望角名字的由来有两种说法，故事均发生在

[好望角美景]

[迪亚士]

[若奥二世]

若奥二世堪称葡萄牙历史上最伟大的国王之一，是大航海时代的先驱，在位期间，他大力支持开辟通向印度的新航路。

15世纪：一是探险家迪亚士奉葡萄牙国王若奥二世的命令，绕过非洲大陆最南端，寻找一条通往马可·波罗描述的东方"黄金乐土"的海上通道，迪亚士在探险途中发现了好望角，却因风暴而未能绕过去，回国后，若奥二世认为绕过这个海角就有希望到达梦寐以求的印度，因此将"风暴角"改名为"好望角"；二是葡萄牙探险家达·伽马在迪亚士的航海经验基础上，绕过了风暴角到达印度，满载黄金、丝绸而归后，葡萄牙国王曼努埃尔一世将"风暴角"易名为"好望角"，以示绕过此海角就会带来好运。不过，1500年，迪亚士再次航行到好望角时，却遇巨浪而葬身于此，或许"风暴角"才是最合适的名字。

[好望角新灯塔]

好望角老灯塔停止使用后，在老灯塔前端山腰间又修建了一座小灯塔，站在通往观景台的阶梯上才能发现它的存在。

[观景台上的古老灯塔]

[好望角山顶观景台指示牌]

[狒狒]

标志好望角经纬度的木制地标牌是游客的必到之处。

[厄加勒斯角石碑]

厄加勒斯角石碑上刻着"你现在来到非洲大陆的最南端——厄加勒斯角",下面注明地理位置——南纬34°49'42",东经20°0'33"。石基的左边写着印度洋,右边写着大西洋。好望角常被认为是非洲大陆的最南端,其实其东南偏东方向约150千米、隔福尔斯湾而望的厄加勒斯角才是实至名归的非洲最南端。

山顶风大得惊人

好望角是非洲的一个标志,也是一个细长的岩石岬角,像一把利剑直插入海底,在狂风的吹打和汹涌澎湃的海浪数千年的撞击下显得乱石嶙峋。从岬角向内陆走,不远的地方有一座不高的山,可选择乘坐缆车或者步行20分钟左右登上山顶的观景台。这里的景色极美,茂盛的绿树延伸向山头,大西洋翠绿色的海水沿着礁石被拍打成白色的浪花。

观景台上有一座建于1849年的古老灯塔,好望角经常有雾,而这座建立在山顶的灯塔并不能很好地发挥作用,因此于1919年被废弃,成为观景台风景的一部分。

站在观景台上,明显感受到这里的风大得惊人,甚至连人都站不稳,难怪当年迪亚士坚称这里为"风暴角",并至死都对这里心有余悸。

与野生动物不期而遇

好望角的野生动物并非只在保护区内,而是遍地都是,而且没有大型猛兽。在好望角的沙滩上散步时,常与野生鸵鸟、狒狒、长尾巴的猫鼬等不期而遇。好望角的动物一点儿也不怕人,尤其是狒狒,它和国内景区内的猕猴一样可恶,会野蛮地抢夺游客的背包和食品等。

和鲸一同嬉戏

赫曼努斯

　　赫曼努斯是一个因鲸而发展起来的小镇，一切都围绕着鲸文化，观鲸是小镇最知名的活动，在这里可以近距离观赏海中的各种鲸，它们浩浩荡荡，让人震撼无比。

[赫曼努斯海岸美景]
即便是不观鲸，这里的景色也很美。

　　赫曼努斯地处大西洋和印度洋交汇处，是南非西开普省南海岸的一个小镇，离真正的非洲大陆最南端厄加勒斯角很近。这里风景优美，干净整洁，房舍色彩鲜艳，令人赏心悦目。从漫步旅行到品尝美酒，从欣赏海景到享受美食（尤其是鲍鱼和龙虾），一切在南非与旅行有关的事情几乎都可以在这里实现，每年吸引成千上万的游客前来，特别是在每年的"鲸鱼节"期间，游客们更是慕名聚集到小镇。

[蹄兔]
蹄兔是一种陆栖或树栖的小型兽类，因有蹄状趾甲而得名。喜嚎叫，又名啼兔。
在赫曼努斯海边的步道上行走时，经常会看到悠闲的蹄兔在步道边的岩石或草木丛中出没。

最适合观赏南露脊鲸的地方

　　赫曼努斯海域的生物资源丰富，海中有很

[跃出海面的南露脊鲸]

[水中的南露脊鲸]

南露脊鲸体型庞大，脾气却很温顺，它们以海洋中的浮游生物为食，从不互相残杀，更不像鲨鱼和虎鲸那样残暴。

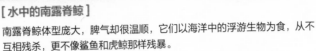

南露脊鲸每年5—11月都会离开漫天冰雪的猎食地南极洲，迁徙至气候温暖的地区交配并繁殖。

多顶级猎食者，如鲨鱼、海豚、虎鲸、座头鲸以及进食大量浮游生物的须鲸，它们会来此捕食、游玩等。其中最有名的要数须鲸家族中的南露脊鲸，每年5—11月，有数千头重60吨左右的南露脊鲸，离开冰天雪地的南极，来到温暖的南非，并在离赫曼努斯海岸线仅数米且安全的海湾交配并繁殖。这里是全球唯一能听到鲸声的小镇和最适合欣赏南露脊鲸的地方，被称为"世界最佳陆地观鲸地"。

观鲸配套设施完善

赫曼努斯因观鲸活动而发展起来，小镇中有众多酒店和各种商店，还有专门卖鲸纪念品的商店。在小镇海岸线上有专门的步道，步道边有当地艺术家创作的艺术作品和各种雕塑，步道上有各种观鲸的设施和设备，如长椅、望远镜、遮阳伞等。

赫曼努斯设有专职"报鲸人"，这是世界上唯一的"报鲸人"，当他发现有鲸在海湾出没时，就会吹响海草制成的独特号角，实时提醒观鲸爱好者前往观鲸点，观看海洋中最大的哺乳动物。

游客除了可以在指定的观鲸点观鲸外，还可以乘船近距离观鲸，不过需要保持安静，否则会吓跑它们。

[海岸边的雕塑]

令世界倾倒的"地狱之门"

骷髅海岸

> 它的一侧是干枯、满地白骨的沙漠，另一侧是巨浪滔天、暗礁林立的海洋。这里凶险异常，常有船只在此失事，许多人在此神秘地消失或死亡。这里的恐怖丝毫不亚于百慕大三角，被人们称为"地狱海岸"。

[一侧是沙漠，一侧是大海]

[沙漠中的蜥蜴]

在非洲纳米比亚的纳米布沙漠和大西洋冷水域之间，有一片白色的沙漠，它的一边是一望无垠的沙漠，另一边则是碧蓝色的大海。这个长达 500 千米的海岸被称为"骷髅海岸"，又称为"地狱海岸"。

最干旱的沙漠之一

骷髅海岸虽然紧靠大海，四周有河流穿过，但它却是世界上为数不多的最干旱的沙漠之一，每日备受烈日的炙烤，因此，在这里看不到碧空如洗，感受不到海风轻拂，只有漫天的黄沙和满地的白骨，当地人认为，这是因为"土地之神大怒"的结果。

> 1859 年，瑞典生物学家安迪生来到这里，感到一阵恐惧感向他袭来，使他不寒而栗，他大喊："我宁愿死也不要流落到这样的地方。"

> 1933 年，一位瑞士飞行员诺尔从开普敦飞往伦敦时，飞机失事，坠落在这个海岸附近。有位记者指出诺尔的骸骨终会在海岸找到，"骷髅海岸"从此得名。

[骷髅海岸国家公园大门]

[骷髅海岸上的羚羊白骨]

[骷髅海岸沙漠中废弃的房屋]

美得让人不寒而栗

骷髅海岸有一望无垠的金色沙滩，充满了神秘的气息，壮观的沙滩和海岸边碧蓝的海水互相映衬，形成了一道独特的风景。在广袤的沙滩周围，许多河流途经沙漠，还未进入大海就已经干涸，干透了的河床就像沙漠中的车辙，一直延伸到看不见的地方，只有当内陆有大暴雨时，河床才会被巧克力色的雨水填满，变成滔滔急流，并出现"狭长的绿洲"，这时，骷髅海岸才会从荒凉中透出一丝丝美丽，却又美得让人不寒而栗。

世界上最危险的海岸

骷髅海岸是世界上最危险的海岸，海岸沙丘不远处的岩石，由于风化作用，被刻蚀成奇形怪状，犹如从地狱中钻出来的妖怪。海面下隐藏着参差不齐的暗礁，海浪汹涌澎湃，这里还时常会刮起飓风，让人毛骨悚然，来往这里的船只经常失事，部分幸运的船员即便跌跌撞撞爬上了岸，最后还是被风沙折磨致死。据称这里的许多骷髅就是船员的遗骨。

我正向北走

　　1943年，12具无头骸骨在骷髅海岸被发现，在骸骨的附近还有一块石板，上面写着："我正向北走，前往60英里（约96.6千米）外的一条河边。如有人看到这段话，照我说的方向走，神会帮助他。"至今也没有人知道这段话是谁写的，更没有人知道这些遇难者是谁，也没有人知道他们为什么遇难。

[骷髅海岸失事船]

[船只残骸]

这艘失事船经过上百年海水和风沙的洗礼，只剩下一点骨架了。

　　海上的飓风不时刮到骷髅海岸上，当地人称这种风为"苏乌帕瓦"，"苏乌帕瓦"所到之处，沙丘表面会向下塌陷，沙粒在风的推动下，摩擦声像是人在猛烈地咆哮，仿佛是对遭遇海难后的海员以及那些迷路的冒险家所唱的灵魂挽歌。

[沙滩上的海豹]

纳米比亚的海豹与世界上其他地方的海豹不同，属于长毛类海豹，也称为有耳类海豹。这里的海豹身上长有两层毛，表层毛长而粗疏，里层毛短而细密。

和海豚做恋人
海豚湾 ··· ·

　　海豚是人类最喜欢的海洋生物之一，也是世界上最聪明的动物之一，对人类非常友善，是海洋中最像人类的精灵。通常，人们只能在海洋馆或动物园中才能近距离接触到它们，然而在这里，人们不仅可以和它们一起在海面上追逐打闹，还可以触碰和抚摸它们。

　　毛里求斯岛被珊瑚礁环绕，它是大自然赋予的天然屏障，把鲨鱼等凶猛的海洋动物挡在近海之外，同时也把暗藏危机的深海隔开。

　　如果要寻找毛里求斯最美丽的地方，那一定非海豚湾莫属，这里是层层叠叠的珊瑚礁上的一处缝隙，因为缺少珊瑚礁的阻隔，海豚湾的海浪可以拍出五六米高的浪花。

[海豚湾]

　　海豚湾是世界上近距离接触宽吻海豚的绝佳之处。

　　毛里求斯发现海豚已有十几年的历史，海豚最常出没在3个海湾：绢毛猴湾、黑里维埃尔湾和南部的黎明海湾，其中绢毛猴湾就是人们常说的海豚湾，它是毛里求斯最著名的海豚出没点，遇见海豚的概率最高，数量也最多。

塔马兰

海豚湾位于毛里求斯西岸的塔马兰小镇，这里高山环绕，景色十分优美，有金黄色的海滩、深绿色的大海、温暖的阳光，充满了热带地区的魅力。有人说，到毛里求斯，一定要去塔马兰出一次海，而去塔马兰出海，最大的乐趣就是看海豚。

[海豚湾跃出海面的海豚]

与海豚嬉戏

每天上午 9 点半到 10 点左右，乘坐快艇来到海豚湾，就能邂逅大量的野生海豚。它们在海面上起起伏伏，有些在晒太阳，有些在寻觅食物，有些在嬉戏跳跃，那场面绝对是在海洋馆或动物园中无法看到的，很是壮观。此时可以坐在快艇上乘风破浪，跟随着海豚的去向，追寻着海豚的身影，在美丽的大海上飞速航行，享受与海豚竞逐的乐趣。除此之外，还可以直接跳下海去，与海豚一起"共浴"在大海的怀抱之中，享受与它们共舞的乐趣。

海豚湾的海豚大致分为两种：一种是小型的宽吻海豚，它们的游速很快，据说可达每小时 5 ～ 11 千米，最快可达到每小时 35 千米。它们常常集体活动，数量较多；还有一种大型的宽吻海豚，身体接近黑色，只有三五只一起活动。

可以乘快艇或双体帆船追海豚，快艇速度快，比较灵活，看到海豚后可以直接跳进海中与它们共舞。双体帆船体积大，船上有吃有喝，类似一个 Party。

[薄雾的清晨]

看热带的企鹅王国
南非企鹅滩

在大多数人的印象中，企鹅生活在南极，因此，要想近距离观察企鹅，除了动物园外，就必须花上高昂的费用，冒着极大的危险，去往冰川雪地的南极。然而事实并非如此。

[开普企鹅]

开普企鹅又叫非洲企鹅、南非斑点环企鹅、黑足企鹅。其叫声短促，类似驴叫，所以又称"叫驴企鹅"，是一种较为珍贵的企鹅品种。它们是实行一夫一妻制的表率，一旦认准彼此，企鹅夫妻就会夫唱妇随，形影不离，终生厮守。

[通往企鹅滩的栈道]

1814 年，英国占领了开普半岛，并在西蒙斯敦建立了海军舰队基地。1957 年，南非海军接管了这里，现在这里是南非和英国共同使用的军港。

世界上共有 17 种企鹅，它们大部分生活在冰天雪地的南极，但有一种企鹅却生活在热带地区。

开普企鹅

在地处热带的非洲有一个小镇，专门为当地的企鹅开辟了一片海滩作为保护区，保护区内生活着数千只企鹅，它就是位于南非开普敦的西蒙斯敦镇，那片海滩叫作企鹅滩。

西蒙斯敦镇背山面海，建于 1687 年，已有 300 多年的历史，是最古老的开普殖民地之一，也是从开普敦前往好望角的必经之路，曾经是南非的海军基地，如今因企鹅而知名，这些企鹅由于生长在开普敦，因此也被命名为开普企鹅。

由两对掉队的企鹅繁衍而来

据说 1982 年，有两对企鹅因为迁徙路上掉队了，便滞留在了这个小镇。当地渔民发现它们后便自发地保护了起来，经过几十年的繁衍，当初的两对企鹅已经发展到了超

过 3000 只，如果不是亲眼看到，很难让人相信在热带的大海边，可以近在咫尺地观看到憨态可掬的企鹅。

一夜之间变成了可怕的邻居

开普企鹅一直都备受当地人的喜爱，但随着企鹅数量的增多，问题也随之出现，因为一直被保护，所以这些企鹅会肆无忌惮地闯进居民家中偷吃、捣乱，甚至随意在居民家中的地毯上大、小便，还有的企鹅更是直接闯到马路上觅食，严重阻碍了当地的交通，因此，对当地人来说，

[无处不在的开普企鹅]

成群的开普企鹅聚集在沙滩上，有的在孵蛋，有的在照顾小企鹅，有的在涉水，有的在水中游泳……

[开普企鹅]

这些曾经的客人一夜之间变成了可怕的邻居。

　　为了在保护这些企鹅的同时，不影响当地人的正常生活，当地政府建立了一片封闭的海滩保护区，即企鹅滩，游客们可以通过一条用木板搭建的栈道，深入企鹅们栖息的海滩，近距离观赏它们。

[企鹅滩的介绍]

欧洲篇

太阳神巨像

罗德岛

这里是古代世界七大奇迹之一的太阳神巨像所在地，然而，被地震震倒的太阳神巨像在原址躺了近千年后竟然下落不明，成为不解之谜。

[古画中的罗德港]

古代世界七大奇迹是指古代西方人眼中的七处宏伟的人造景观，它们是：埃及胡夫金字塔、巴比伦空中花园、阿尔忒弥斯神庙、奥林匹亚宙斯神像、摩索拉斯陵墓、罗德岛太阳神巨像和亚历山大灯塔。

罗德岛是爱琴海地区文明的起源地之一，有相当古老的传说，据说这座岛就是以希腊神话中"罗德女神"的名字命名的。

罗德岛地处爱琴海东南部，位于爱琴海和地中海的交界处，是希腊第四大岛，也是希腊最大的旅游中心，太阳神巨像位于罗德岛上的罗德港。

赶跑了侵略者

历史上，罗德岛被许多势力统治过，其中包括摩索拉斯（他的陵墓也是古代世界七大奇迹之一）和亚历山大大帝。在亚历山大大帝之后，该岛又陷入了长时间的战争中。

[太阳神巨像——猜想图]

据专家推算，太阳神巨像是中空的，里面用复杂的
石头和铁的支柱加固，外包青铜壳。

公元前 305 年，亚历山大帝国解
体后，对罗德岛垂涎已久的马其顿国
王安提柯一世企图占领这里，派儿子
德米特里率领 4 万军队（这已超过了
整座岛上的人口）包围了罗德岛港口
（围攻罗德岛）。罗德岛人经过艰苦
的战争，赶跑了侵略者。

用遗弃的兵器打造了太阳神巨像

为了庆祝这次胜利，罗德岛人收
集了马其顿士兵撤退时遗弃的青铜兵
器，请来雕塑家哈里塔斯，将这些兵

[攻城塔]

据说马其顿的德米特里有当时最先进的攻城武器：攻城槌，其
总长 55 米，需用 1000 名人员来操作；攻城塔被命名为破城
者，是一座高 38 米、共 9 层的巨型攻城武器，还可用轮子推
动。因为这些攻城武器前所未见，且相当惊人，使德米特里获
得"征服城市者"的称号。但是，马其顿王国却在公元前 305
年围攻罗德岛战役中失败。

罗德岛的传说

关于罗德岛的由来有很多说法，不过都和太
阳神有关系。相传有一次宙斯宴请各路神明，唯
独忘记了给太阳神赫利俄斯准备礼物，为了补偿，
宙斯许诺将下一个爱琴海中诞生的大陆赠予太阳
神。后来，当爱琴海中出现了新的岛屿时，太阳
神便以妻子罗德的名字，给小岛起名罗德岛。

另一说法：传说罗德岛是太阳神赫利俄斯和
女神罗德结合的产物。

[仅剩的两座鹿雕像]

在罗德岛，鹿是吉祥图案，其岛徽就是一头跳跃的鹿。

> 罗德岛上除了太阳神巨像遗址外，还有罗德岛古城、罗德岛卫城、骑士宫殿、恩博纳斯、土泉等著名景点。

> 罗德岛的饮食离不开橄榄油、蜂蜜和奶酪，当地的蔬菜沙拉和海鲜也值得一试。

器熔化后，历时 12 年之久、耗费了 450 吨青铜，修建了一座高约 33 米的太阳神巨像，该巨像头戴太阳光芒的冠冕，左手执神鞭，右手高举火炬，两脚站在港口的石座上，过往的船只能从其胯间穿过，从船上仰望其宏伟的雄姿。它便是古代世界七大奇迹之一的罗德岛太阳神巨像。

巨像消失

公元前 226 年，太阳神巨像在建成仅仅 50 多年后，被一场大地震毁坏了，从此巨像倒在港口附近的岸边，在原址上躺了近千年，后来下落不明。有人说公元 654 年阿拉伯人占领罗德岛后，把它熔成碎片，卖给了一个犹太商人，他们动用了近 1000 匹骆驼才将它运完；也有人说它在被船运往意大利途中遭遇风浪，从此沉入海底。巨像遗迹究竟在哪里，成了历史之谜。

经过 2000 多年的兴衰更替后，如今仅剩下巨像脚边石柱上的两头鹿依旧眺望着港外，成为罗德岛的知名景点之一。

神秘的女妖岛

卡普里岛 >>>

　　蓝洞、女妖的故事使卡普里岛显得美丽而神秘，海滩、夜生活、购物、甜柠檬汁等让其闻名于世，号称"地中海天堂"。

[卡普里岛美景]

　　卡普里岛位于意大利那不勒斯湾南部的入海口附近，是第勒尼安海中的岛屿，其中间地势较低，四周环山。据说，卡普里岛在远古时代本来与大陆相连，后来由于陆地沉沦，被海水淹没。再后来，非洲大陆与欧洲大陆断裂，地中海中的海水流入大西洋，使地中海水位下降，才露出了卡普里这座岩石岛。卡普里岛属于石灰质地形，岩石峭立，易受海水侵蚀，所以岩石间形成了许多奇特的岩洞。

海上仙境诱惑了两位罗马帝王

　　据历史记载，卡普里岛还诱惑了两位罗马帝王。奥古斯都大帝在东方战役结束后，归途中在卡普里岛登陆，从此便迷上了这里，他不惜以4倍面积大的伊斯基亚岛换取了卡普里岛，但是，他只在周游那不勒斯时，来到卡普里岛做了短暂停留，随后驾崩。奥古斯都大帝死后，其继承人提比略晚年长期住在卡普里岛，整整10年凭借与元老院的书信往返的奇特方式维持国家大政的运作，直到死都没有离开，可见卡普里岛是多么的迷人了。

[塞壬三姐妹]

女妖岛

卡普里岛上的众多奇特的岩石和洞穴，使这里蒙上了许多神秘和传奇色彩。相传这里曾居住着女妖——塞壬三姐妹。每当有船只经过这片海域时，她们就会放声高唱魔歌，迷惑水手，让他们毫无察觉地撞上礁石，最后船毁人亡，除了希腊神话中足智多谋的奥德修斯外，其他过往的水手无一幸免，因此这里又被称为"女妖岛"。

[卡普里岛蓝洞]

倒"V"字形岩石处就是蓝洞入口，它其貌不扬，只是一个极细小的洞穴，海浪不大时，入口仅1米宽。海浪较大时，入口被淹没，游客无法入内。

蓝洞

蓝洞位于卡普里岛北部，是岛上众多洞穴中最幽深、神秘的一个，它的入口很小，内侧深54米，高15米，

[卡普里岛蓝洞]

参观蓝洞的条件：天气晴朗；退潮的时候；没有风浪。

只能乘坐小船进入。由于洞口的特殊结构，当阳光从洞口进入洞内，再从水底反射上来时，晶蓝波光闪烁，神秘莫测，辐射光源辉映洞内，连洞内的岩石也变成了蓝色，因此得名"蓝洞"，并被称为"世界七大奇景"之一。

旅游胜地

除了有神秘的女妖传说、漂亮的蓝洞景观外，卡普里岛的森林、水域、空气、阳光同样令人憧憬，是意大利著名的旅游胜地，吸引了众多名人来此度假：如奥古斯都曾将其作为自己的避暑之地，并建有奥古斯都花园；苏联作家高尔基曾在这里休假疗养 7 年，完成了《童年》《在人间》和《我的大学》三部巨著的写作；好莱坞著名影星伊丽莎白·泰勒在这里有度假别墅。

[卡普里岛奥古斯都雕像]

[提比略]

公元 14 年，屋大维驾崩，提比略继承罗马帝国皇位，成为罗马帝国第二位皇帝，公元 37 年 3 月 16 日，79 岁的提比略病死在卡普里岛。

[奥古斯都屋大维]

屋大维（公元前 63—14 年）既是罗马帝国第一位皇帝，也是唯一一位名为"奥古斯都"的皇帝。"奥古斯都"常用来指称罗马帝国的第一位皇帝屋大维，也同样可以用作罗马皇帝的头衔。

三蓝之一
马耳他蓝湖

马耳他是地中海中心的一个小国，海洋给了它三件礼物：蓝洞、蓝窗和蓝湖，三蓝之一的蓝湖原始而美丽，是一处看一眼就会被诱惑的地方。

[科米诺塔]

科米诺塔又称圣玛丽塔，建于 1618 年，浓浓的古典气息使它成了岛上的标志性建筑。

马耳他是一个位于地中海中心的岛国，有"地中海心脏""欧洲的乡村"之称，它也是一个世界著名的旅游胜地，被誉为"欧洲后花园"。马耳他最有特色的景点就是三蓝：蓝洞、蓝窗和蓝湖，其中蓝窗已于 2017 年 3 月 8 日坍塌。蓝湖就是蓝色潟湖，位于科米诺岛与科米诺托岛（与其相邻的小岛）之间。

小到可以用脚步丈量

科米诺岛是一座只能坐船才能抵达的小岛，面积仅约 3 平方千米，小到可以用脚步丈量它。它是马耳他群

[马耳他三蓝之一——蓝窗]

蓝窗位于马耳他第二大岛戈佐岛西北角，是由两块崩塌的石灰岩形成的天然大拱门，矗立在地中海之上，就像是上帝的窗台一样，当太阳落下去的那一刻，透过蓝窗，可以看到海天一色的绝美景色，是美剧《权力的游戏》的取景地之一。

马耳他蓝窗曾经在马耳他的大海中存在了上千年，但是这个地标性景点在 2017 年 3 月 8 日因连日大风引发的巨浪冲刷而坍塌。

[马耳他蓝湖]

岛中仅有的三座有人居住的岛之一，也是马耳他人口密度最低的地区，常住人口不足 10 人，岛上只有一个旅馆，没有汽车、商场等。这里四面环海，大部分景色自然朴素，就像未开垦的荒岛一样，其中最著名的就是马耳他蓝湖。

马耳他蓝湖

马耳他蓝湖其实不是湖，而是由于海湾将海洋分隔，形成的一个清澈见底、美不胜收的海中湖泊，这是大自然的杰作，也是马耳他著名的海水浴场，每天都有大量的游客和游船光顾。

蓝湖的面积并不大，但是有白色的沙滩、蓝色的海水、丰富的海洋生物，它与周围的怪石、溶洞相融，让人看了一眼就会心动。这里是欧美电影的热门取景地点，如《特洛伊》《基督山伯爵》等都曾在此取景。

科米诺岛属于地中海气候，处处是美景，除了蓝湖外，还有水晶湾等小海湾，只要不是冬季的时候前往，大部分时间天气都格外晴朗，简直就是一处世外桃源。

[马耳他三蓝之一 ——蓝洞]

蓝洞位于马耳他主岛的东南位置，其标志性的景观是在海水侵蚀作用下形成的巨大石灰岩空洞。

[水晶湾]

神奇的岛中岛
伊丽莎白城堡

它是英国明信片和电视画面中最常出现的风景之一，每当涨潮时就被海水包围，成为一座孤城，退潮后又与泽西岛相连，是一座神奇的岛中岛。

[伊丽莎白城堡]

[泽西岛特有的水陆两用车]

伊丽莎白城堡因涨潮时会成为泽西岛的岛中岛，要想参观该城堡，必须乘水陆两用车登岛。

伊丽莎白城堡位于诺曼底半岛外海20千米处，扼守泽西岛的出海口，在泽西岛游艇码头不远处的海湾对面。

神奇的岛中岛

伊丽莎白城堡建在海湾中的一座小岛上，涨潮的时候就变成一座孤城，成为神奇的岛中岛，落潮时又与泽西岛相连，景色美得让人震惊。

在过去800多年的历史中，泽西岛及周边小岛曾先后被英国、法国与德国统治或占领过，但是长久以来，泽西岛一直保持着与英国王室特殊而亲密的关系，伊丽莎白城堡便是历史最有效的见证。此外，在它的周围还能发现德国和法国占领时的痕迹与遗址。

[伊丽莎白城堡]

为抵御法国而建的城堡

泽西岛由于与法国的距离太近，历史上经常会受到法国军队的骚扰，有记载，在1550年，这座岛中岛上就有了炮台。1594年，当时的英国泽西行政区总督在泽西岛外围的这座小岛上建了一座城堡，以抵御法国舰队的挑衅，也为了保卫这一带海湾的安全，并以伊丽莎白的名字命名了城堡。英国国王查理二世曾在英国内战期间避难于此，该城堡在1651年的一次战争中遭到炮火攻击后受损严重。第二次世界大战时期被德国占领，作为德军堡垒，现在作为历史博物馆对外开放。

成为最受欢迎的旅游地

如今伊丽莎白城堡的城墙上经常会举办模拟历史上的守军实战演练的表演，演员们穿着16—17世纪英军和法军的军服，有模有样地"守城"和"攻城"，甚至还会炮声隆隆，场面非常壮观。

泽西岛是英国三大皇家属地之一。

[通往伊丽莎白城堡的鹅卵石路]

在退潮后，伊丽莎白城堡就会与泽西岛的陆地相连，踏着鹅卵石或石板路可以往返于泽西岛与小岛之间。

精灵打造的童话世界
大间歇泉

冰岛人一直深信有精灵存在，而雷克雅未克便是精灵的家园，这里到处都冒着灼热的泉水，热气弥漫，如烟似雾。

雷克雅未克自 870 年起就成为人们聚居的一个居民点，根据历史记载，该地第一批常住居民是来自斯堪的纳维亚地区的人。

雷克雅未克始建于 874 年，1786 年正式建城，历史上曾分别隶属于挪威与丹麦。1944 年 6 月冰岛共和国成立后，雷克雅未克成为首都，它是世界上最北的首都。

[间歇泉口的高温警示牌]

[小间歇泉]

小间歇泉每次喷发之前都会先冒泡，然后瞬间喷发，水柱喷射不高。

大间歇泉位于冰岛首都雷克雅未克东北约 80 千米处，地理上非常接近北极圈，间歇泉是冰岛的标志性景观之一。

冒烟的海湾

雷克雅未克西面临海，北面和东面被高山环绕，早在 9 世纪时，斯堪的纳维亚人就乘船来到这片海域，看到远处海湾的沿岸升起缕缕炊烟，以为有人居住，于是便把此地命名为"雷克雅未克"，意即"冒烟的海湾"。事实上，这里根本没有农舍炊烟，斯堪的纳维亚人见到的烟是岛上的许多温泉和喷气孔冒出来的，

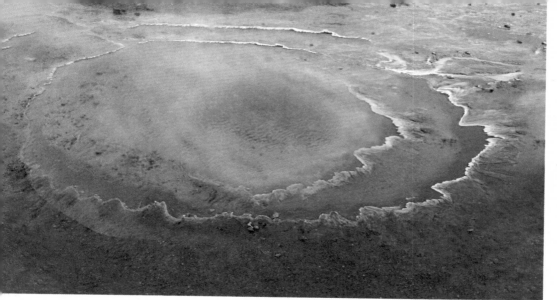

[蓝色的小泉]

它们会间歇性地喷出股股水柱，使人误认为是冒烟。

人类历史上第一次记载间歇泉

据地质学家估算，冰岛间歇泉已经活跃了 1 万多年，而雷克雅未克的这些间歇泉是人类历史上第一次以英语单词"Geyser（间歇泉）"记载间歇性喷涌的温泉。

雷克雅未克地处火山活跃地带，地下水在地下被不断地加热，随着水热量的加大，地下压力变大，从而冲破地表，当热地下水遇到冷空气，便会形成"冒烟的海湾"。

出现频率最高的名词之一

由于雷克雅未克的地热资源丰富，早在 1928 年，雷克雅未克就建起了地热供热系统。而间歇泉也因此成为"GEYSIR"先生，变成了该城的标签，

[史托克间歇泉]

史托克间歇泉比较有规律，每 10 分钟喷发一次。

[GEYSIR 喷泉]

GEYSIR 喷泉是世界上第一个被发现的间歇泉，可惜由于地质运动，现在已经不再喷发了。

[直冲云霄的水柱]

[间歇泉]

成为当地很多商业机构，如银行、餐厅、酒店、租车公司等的名字，可谓冰岛出现频率最高的名词之一，足见间歇泉在冰岛人心目中的地位。

大间歇泉是冰岛的著名景观

雷克雅未克有众多的间歇泉，其中最有名的就是大间歇泉，这是冰岛的著名景观。大间歇泉是一个直径约18米的圆池，水池中央的泉眼直径有十多厘米，泉眼内的水温高达100℃以上。每隔5分钟左右，水柱会从地平面之下突然像火箭般一冲而上，直冲云霄，高度约达到70米，整个过程不足2分钟。然后见泉口涌动，酝酿着下一次喷射。

据历史记载，大间歇泉喷射的最大高度为170米，如今其喷射高度和频率都有所减弱，不过依旧很壮观，每一次喷射都是一次令人震撼的绽放，也是一次生命的律动，令人敬畏。

[涌动的泉池]

末日狂暴之美

维克黑沙滩

维克黑沙滩黑得纯粹且一尘不染，仿佛是神的怒火燃烧后的遗迹，这个黑色的神秘之地透着几分恐怖，是许多外星球题材影片的外景拍摄地。

维克黑沙滩位于冰岛维克镇的西南方，距离雷克雅未克东南约 187 千米。

"全球十大最美沙滩"之一

维克镇是一个只有 600 多人的安宁和睦的小镇，小到掰掰手指都能数清楚小镇里的几条街道，镇上除了山坡上的红顶教堂之外，没有其他的风景，其后方是一望无际的大海，大名鼎鼎的黑沙滩就在那里。黑沙滩真的很黑，黑得深邃、通透，有种一尘不染的神秘感。这是

[维克镇全景]
站在红顶教堂所在的山坡上，可以使红顶教堂和维克镇以及黑沙滩边的海中礁石同框出现。

"维克"在冰岛语中是海湾的意思，冰岛有许多地方叫作"维克"，如雷克雅未克（维克）、凯夫拉维克、格林达维克、达尔维克等。

[黑沙滩]
夜色下的黑沙滩更显神秘和恐怖。

维克镇，乃至冰岛最受欢迎的景点之一，也是"世界十大最美沙滩"之一。

源于海底火山爆发

黑沙滩的形成源于远古时期的一次海底火山爆发，熔岩与海底的泥层被掀出地面，高温岩浆遇海水后迅速冷却，经海风和海浪千万年的侵蚀后形成玄武岩颗粒，这些黑沙颗粒没有杂质，也没有淤泥尘土，捧起一把，满手乌黑，轻轻一抖，黑沙四散，手上却纤毫不染。

[雷尼德兰格海蚀柱]
这个黑色玄武岩柱群如同中国的笔架山一样，相传它们本是巨怪，被阳光照耀后凝固成巨石。

外星球题材影片的取景点

黑沙滩是一片纯黑色的沙地，当狂风卷着暴雨排山倒海般扑向沙滩时，天地之间只剩一片黑白苍茫，仿佛世界末日，既神秘又诱人，让每个看风景的人都觉得恐怖，因此，这里是很多外星球题材影片的外景拍摄地，如《星际穿越》。

在美丽的黑沙滩背后暗藏凶机，每年的旅游旺季总会有游客被海浪卷走，消失在一望无际的北大西洋中，因此，当地政府在沙滩旁边竖有警示牌，提醒游客千万不要靠近沙滩，以防不测。

[黑沙滩上的石墙]
黑沙滩上最神奇的风景是一座玄武岩石墙，形如人为刻凿和拼接的大块棱柱形岩石，排列成风琴状耸立着。

[红顶教堂]
红顶教堂是维克镇的地标式建筑。

欧洲最大的观鸟悬崖
拉特拉尔角

海鸟、起伏的悬崖和峭壁、北极狐、小渔村，拉特拉尔角虽然不易抵达，却十分值得前往一探究竟。

拉特拉尔角位于冰岛最神秘的地区——西峡湾，这里也是欧洲的最西部，距离雷克雅未克大约 420 千米，不仅是世界上最大的海鸟栖息地之一，还以壮观的峡湾而闻名。

欧洲最大的观鸟悬崖

拉特拉尔角拥有欧洲最大的海鸟栖居悬崖，其高达 440 米，绵延约 14 千米长，险要的地势让各种海鸟可以躲避野生北极狐的侵扰。悬崖上聚集最多的是冰岛国鸟——海鹦，它们又叫善知鸟，把巢穴筑在沿海悬崖峭壁上的石缝沟中或洞穴中，如果你有足够的勇气，还能悄悄攀爬到鸟窝边，近距离欣赏在巢穴

[北极狐]

北极狐分布于北冰洋的沿岸及一些岛屿上的苔原地带，能在 -50℃ 的冰原上生活。它以旅鼠、鱼、鸟类、鸟蛋、浆果和北极兔为食，有时也会漫游到海岸捕捉贝类。

[绵延的拉特拉尔角悬崖]

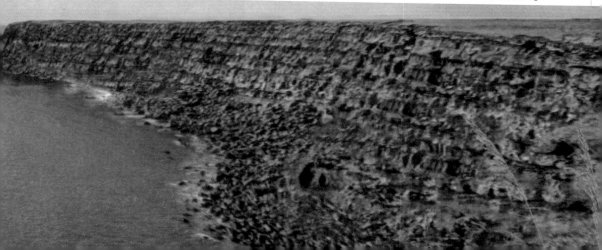

中休息的海鹦和它们的幼鸟。因此，这里成为世界上拍摄海鹦的最佳地点。

观鸟天堂

由于极地冰封，通往西峡湾的路况不佳，而且路程遥远，尤其是冬天，许多道路会因为降雪而封路，使这里变得与世隔绝。每年只有夏季才可以进入西峡湾地区，想到拉特拉尔角悬崖观鸟更加不容易。同时，海鹦每年也只会在夏季（5月中下旬至8月）才来到拉特拉尔角悬崖上栖息筑巢，繁衍后代，要想和海鹦来一次近距离的接触，只能夏天前往拉特拉尔角悬崖，这时除了能欣赏到成群的海鹦外，还能看到北方塘鹅、海鸠等超过85种鸟类，绝对称得上是"观鸟天堂"。

倒霉的冰岛国鸟

海鹦是冰岛的国鸟，也是冰岛的标志之一，冰岛的各种纪念品商店随处可见与海鹦有关的明信片和纪念品，可谓无人不识海鹦，但它却是个倒霉的家伙。海鹦

[海鹦]

海鹦至少可以潜到水下57米处，并能在水下停留60秒。当高纬度地区短暂的夏季结束时，新繁殖的小海鹦已经可以迁飞了。

CANADA　180

[冰岛邮票上的海鹦]

[拉特拉尔角悬崖]

拉特拉尔角悬崖非常陡峭，而且很高，在游览时千万不要太靠近悬崖边缘，以免跌落。

和我国的熊猫一样，虽然都是国宝，但是它们却没有享受到熊猫的待遇，反而被冰岛人当成美食，他们用各种能想到的方式来烹饪海鹦，几乎把它吃成了濒危动物。

海鹦不论是在迁徙途中飞行，还是在栖息地，总是成群结队，统一行动，每当遇到劲敌，如凶恶的海鸥入侵，海鹦便会发出警告，然后成群结队地盘旋，形成强大的环状队形，吓跑来犯之敌，但是即便是如此强大的物种，也因人类的食欲而造成物种危机。

比亚尔格角灯塔

比亚尔格角灯塔矗立在这里的海角崖边，其所在位置是冰岛及欧洲的最西处。该灯塔建于 1948 年，高两层，塔身为白色，由混凝土建成，可照亮 60 米远处的海面。这座美丽而孤独的灯塔和周边的地貌相得益彰，是摄影的好"道具"，也是拉特拉尔角最不该错过的景点之一。

[海鸠]

海鸠有时也称"海鸽"，因体形略似鸠鸽类鸟而得名。除繁殖时期外，很少上岸。繁殖时选择悬崖边缘，一般每次仅产一卵。

[北方塘鹅]

北方塘鹅是北大西洋最大的海鸟。它因著名的"击剑式接吻"而获得"多情鸟"的称号。

[比亚尔格角灯塔]

通往天堂的地方

圣托里尼红沙滩

这里有人间仙境般的美丽景致，是到访希腊的游客绝不会错过的地方，被称为"通往天堂的地方"。

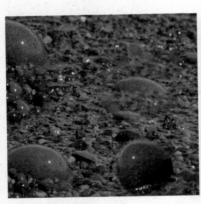

[红沙滩和小石子]

[依红色的火山岩而建的白色建筑]

红沙滩位于希腊圣托里尼南端的阿克罗提尼旁，与最北端的伊亚小镇相对，是一处景致迷人、与世隔绝的美丽海滩，也是圣托里尼最美丽的沙滩之一。

仿佛置身于外星球

圣托里尼红沙滩呈狭长形，藏匿在悬崖下方的海湾中，游客可以坐船或步行到达那里。红沙滩是由背后的红色悬崖中的火山石里的磁铁矿，经过漫长岁月氧化而成，呈现迷人的红色，与碧海、蓝天的色彩形成强烈的对比。红沙滩不大，沙子比较粗，非常硌脚，并且越靠近山边越粗糙，越靠近海边则相对

[远观红沙滩]

越细小。

红沙滩周围的海水非常清澈、透亮、干净，在阳光下闪耀着让人炫目的光，让人仿佛置身于外星球，再加上其独特的红色，使这里游客如织。

旅游度假胜地

红沙滩周围都是悬崖，是一处私密的海滩，这里曾经是一个天体浴场。不过，随着红沙滩的名气越来越大，亚洲游客不断云集于此，这里变得不再安静，尤其是旅游旺季，沙滩上的人很多，有游泳的、坐船的、享受日光浴的，以及在遮阳伞下的躺椅上休息的等，俨然成了一个旅游度假胜地。在这里裸体游玩的欧美游客逐渐离开了，而亚洲游客大部分比较传统、保守，没有勇气裸体下海或晒太阳。

[红色裸岩旁的白色小教堂]

红沙滩有大片的红色裸岩，躺在舒服的沙滩椅上，望着浩瀚的大海，迷人的红沙滩在阳光的照耀下显得更加神奇和耀眼。

享受爱琴海风情

卡马利黑沙滩

卡马利黑沙滩完美地将海和天分开，但看上去又浑然一体，几乎所有对它的赞美都显得苍白和多余。

[黑色鹅卵石沙滩]

[看起来连海水都是黑的]

卡马利黑沙滩是一个长方形的黑色沙滩，位于希腊圣托里尼岛东部的卡马利小镇，这里曾经是罗马帝国的海军要塞，如今却成了在圣托里尼享受爱琴海风情的最主要、最热门去处之一。

特色是"黑"

卡马利黑沙滩，顾名思义，其特色是"黑"。圣托里尼岛的火山喷发后，比较重的熔浆冷却后形成黑色的火山石，经长期的海水打磨和风化，化为无数大小不一

[掺杂着黑色和白色鹅卵石的
沙滩]

的黑色鹅卵石，偶尔有些白色、红色的石头掺杂其中，
这便是卡马利黑沙滩的由来。人们行走在鹅卵石沙滩
上，会有一种做脚底按摩般的舒服感，假如在太阳暴
晒后，光着脚丫踩在沙滩上，更会有"痛并快乐着"
的奇妙之感。

卡马利曾经是一个以农业和捕鱼业为主要产业的小镇。20世纪中期的一场大地震，毁掉了卡马利及圣托里尼岛上的一切，由此也改变了这座美丽岛屿上的人们的生活方式，使之成了一座以旅游业为主的岛。

鹅卵石和海水有特色功效

卡马利不但沙滩是黑色的，看上去连海水也是黑的，
但是却黑得那么清澈、干净，海水有着沁人心扉的清凉，
据说这里的鹅卵石和海水不仅有美容作用，还有缓解关
节炎和治疗风湿、皮肤病等效果。因此，可以拿几块鹅
卵石放在膝盖或者其他关节部位，躺在沙滩上晒日光浴，
或者干脆将身体浸泡在海水中畅游。

圣托里尼曾是 3500 年前火山爆发最活跃的地区之一。

[卡马利黑沙滩]

拥有爱琴海所有的风情

卡马利黑沙滩拥有爱琴海所有的风情，这里的海水清澈，非常适合游泳，平整的沙滩黝黑油亮；狭长的沙滩上竖着密密麻麻的稻草太阳伞，供人休息时使用；很多人更喜欢戴遮目镜，在烈日下直接趴着或者躺在鹅卵石上，一动不动地享受烈日的炙烤。

随着太阳西移，日近黄昏，沙滩上的人会越来越少，沙滩也变得安静起来，大部分人会去沙滩边的酒吧或饭店享受圣托里尼式的夜生活，还有些人会一直躺在沙滩上，静待日落，细数满天星辰，期待流星的出现。

浪漫的不夜城

卡马利黑沙滩方圆 500 米聚集了几十家旅馆，从最高档的五星级酒店到民舍都有，沙滩边上有商场、餐厅、咖啡吧、酒吧、纪念品店、运动用品店等，尤其是日落后的黑沙滩更是热闹非凡，路边的餐馆散发出美味的烤鱼味，酒吧则不停地传出动感音乐，让人仿佛置身于一座浪漫的不夜城。卡马利的夜晚在黑沙滩的映衬之下，显得格外的诱人，和"贫瘠"的圣托里尼红沙滩比起来，这里更繁荣、更热闹。

[卡马利黑沙滩]

圣托里尼岛上的黑沙滩有很多处，比较有名的黑沙滩有卡马利和佩里萨两处。

[卡马利黑沙滩边的一处跳水悬崖]

冒险者的天堂

布道石

布道石突兀地直立在吕瑟峡湾深处的崇山峻岭中，非常壮观，让人不由自主地感叹大自然的鬼斧神工。

布道石又称普雷克斯多伦，地处挪威南部，靠近斯塔万格市的吕瑟峡湾中部，是一块因冰川运动而形成的巨岩，直插入吕瑟峡湾的悬崖断壁中，因为其顶部有一个面积达 625 平方米的方形平台，形状类似教堂牧师的讲台，故而得名。

布道石非常壮观，令人震撼，它与下方蜿蜒的吕瑟峡湾的垂直高度达 604 米，而且这里的气候变化无常，暴风总是不期而遇，可见要想站到布道石上看风景，需要有足够大的

[直插入吕瑟峡湾的布道石]

布道石是挪威峡湾旅游的标志性景点，它曾被美国有线电视新闻网（CNN）等评为"全球 50 处最壮丽的自然景观之首"。

[通往布道石的红色"T"字标记]

通往布道石的登山径全长 3.8 千米，从起点开始有大约 330 米的上坡路，沿途都有红色"T"字标记。

斯塔万格是挪威第四大城市，人口近 11 万人，为挪威古城之一。其始建于 8 世纪，1810 年一个法国人在斯塔万格建立了第一个沙丁鱼罐头加工厂后，城市发展迅猛，后来成为欧洲最大的沙丁鱼罐头加工基地。

雨果曾于 1866 年来到此处游览，并留下优美的诗篇。

[布道石指示牌]

布道石被认为是史前时代古挪威人祭祀的场所。

[布道石又称"悔过崖"]

布道石也被人们称为"悔过崖"。不管是为"刺激"而来，还是为"悔过"而坐，站在悬崖平台顶端，蓝天、碧水、青山汇于一体，游客可以尽情品味吕瑟峡湾的雄奇与壮美。

[布道石登山道路]

乘船或者坐车只能到达布道石山脚下，要想到达布道石顶上的平台，最少需要 3～4 小时，途中设有餐厅、商店和厕所，所以登山前需要提前做好准备，否则很容易半途而废。

胆量，有些恐高的游客都不敢站起来，只能坐着甚至趴着往前蠕动，一点点地靠近岩石的边缘。不管是谁，真正站到这座高耸的悬崖上时，都会不由自主地感叹人在大自然面前是何等的渺小和弱不禁风。

有些风景注定只属于少数不惧艰难、喜欢冒险的人，布道石就是这样的地方，它是冒险者的天堂，站在这块垂直升起的方形巨岩上，让人有一种无法言喻的感觉。

[电影《碟中谍 6》中汤姆·克鲁斯徒手爬的悬崖]

电影《碟中谍 6》曾在布道石上举办首映礼，2000 名观影者徒步登上布道石观看了该影片，汤姆·克鲁斯称其为最不可思议的观影。在《碟中谍 6》中，汤姆·克鲁斯徒手爬的悬崖就是这块布道石。

刷爆朋友圈的地方
阿尔加维海滩

独特的海岸地貌、旖旎的海洋风光与色彩艳丽明快的滨海建筑,让阿尔加维海滩显得与众不同,被誉为"世界上最美丽的海滩"之一。

[阿尔加维海岸线上的海湾]

阿尔加维位于葡萄牙的东南部,靠近地中海出海口,属于亚热带海洋气候。这里风景宜人,一年中有300多天的充沛日照,遍地种植着无花果、橄榄树以及杏仁树,加上白色的沙滩、海岸上的石灰岩洞穴、潟湖以及悠闲而宁静的小渔村、海港,组成了一幅美丽绝伦的风景画,是世界著名的旅游度假胜地。

最独特的阿尔加维

阿尔加维海岸长期处在海水侵蚀和风力作用下,每天都发生着微妙的变化,日积月累,形成了独特的海岸地貌,如悬崖海岸、海蚀洞、

[阿尔加维隐秘的小海湾]

[海滩边上的建筑]

[阿尔加维海岸线上的悬崖]

悬崖上方的礁石经过海浪和风沙的侵蚀，形成了一个个洞穴，悬崖顶端如今有木栈道可供游客步行参观，也可进入洞穴或到礁石上方拍照。

拱门和岩柱等自然奇观，它们坐落在各个海滩附近，让人不禁惊叹大自然的创造力，葡萄牙南部的海岸线也因此变得旖旎、壮美。

阿尔加维绵延数十千米的海岸上分布着众多类型的海滩，有的天然隐秘，有的游客稀少，有的热闹非凡，有的视野开阔，它们统称为阿尔加维海滩。这些海滩都拥有洁白柔软的细沙、全年充足的阳光，其中最独特的要数海军海滩、洞穴海滩和拱门海滩。

海军海滩，悬崖兀立

海军海滩拥有锯齿状岩石构造的海岸、礁湖以及大量的沙滩，是阿尔加维登上各类封面、宣传册次数最多的海滩。这里既有长长的、依偎在金色峭壁之间的绝美沙滩，也有蜗居在岩石之中的小小海湾，再加上碧空万里、悬崖兀立，蔚为壮观。

洞穴海滩，与世隔绝的独立空间

洞穴海滩又名贝纳吉尔海滩，从海军海滩驱车大概半小时就可以到达。洞穴海滩的背面有一个被评为"全球50大自然景观"之一的海蚀洞——贝纳吉尔岩洞。从洞穴海滩出发，通过水路，绕

[海军海滩上的小拱桥岩]

这是大家最喜欢的拍摄角度，海中的两个石拱门和悬崖轮廓组成一个完美的心形。

过海边的断崖才能到达这个岩洞。

贝纳吉尔岩洞是一个与世隔绝的独立空间，洞顶有个圆形大洞，当阳光射进洞穴时，洞内细软的沙粒被照得闪闪发光，旁边的洞口则是波光粼粼的海水，构成了一处美得令人窒息的奇观。

拱门海滩，妙不可言

沿着洞穴海滩的海岸继续前行，就可来到拱门海滩，这里的海岸更加凹凸有形，海水蚕食着壁岩，处处有令人惊心动魄的洞穴、断崖，断崖下是多个被崖体包围的绵软的沙滩，这里虽然不及洞穴海滩和海军海滩有名，但是海中的拱门形断崖的美丽丝毫不逊色，而且妙不可言。

[贝纳吉尔岩洞]

[明信片上的海军海滩]

这个角度的美景是明信片和杂志封面上最常见的。

[海军海滩上的石柱]

世界奇观，玄武岩石柱

巨人之路

它的岸边有大量六边形岩石柱，以井然有序、美轮美奂的造型从峭壁伸至海面，气势磅礴，令人不得不相信这是传说中爱尔兰巨人建造的通往苏格兰的巨人之路。

[巨人之路]

巨人之路是安特里姆平原的一个岬角，位于北爱尔兰贝尔法斯特西北约 80 千米处的大西洋海岸，是爱尔兰著名的旅游景点，1986 年被联合国教科文组织列入世界自然遗产。

[巨人之路美景]

世界自然奇迹

巨人之路和巨人之路海岸包括低潮区、峭壁以及通向峭壁顶端的道路和一块高地。峭壁平均高度为 100 米，由大量的玄武岩石柱排列聚集，形成石柱林，其绵延约 8 千米长，石柱连绵有序，从峭壁伸至海面，呈阶梯状延伸入海，被视为"世界自然奇迹"。

组成巨人之路的石柱总计约有 4 万根，分别是六边形、五边形或四边形的玄武岩石柱，横截面宽度为 37 ~ 51 厘米，典型宽度约为 45 厘米，有的高出海面 6 米以上，最高的可达 12 米左右，也有的隐没于水下或者与海面高度持平，人们按照石柱的不同形状，将它们冠以形象化的名称，如巨人、风琴、大酒钵、烟囱管帽和夫人的扇子等，十分有趣。

巨人之路的传说

巨人之路又被称为巨人堤、巨人岬、罪恶的堤柱等，其名称起源于爱尔兰民间传说。传说在远古时代，爱尔兰巨人芬·麦库尔受到苏格兰巨人贝兰多的挑战，麦库尔为了和贝兰多决斗，开凿石柱，把石柱一根又一根地搬运至海底，将海底填平，铺成通向苏格兰的堤道，去与苏格兰巨人交战。战后堤道被毁，只剩下现在的一段残留。

还有一个传说则非常浪漫：相传爱尔兰国王军的指挥官巨人芬·麦库尔，爱上了一位住在内赫布里底群岛的姑娘，

[巨人之路美景]

巨人之路虽然不怎么规则，但是自然形成的景色更显壮观。

贝尔法斯特是北爱尔兰的最大海港。其始建于 1888 年，自 1920 年起成为北爱尔兰的首府，是北爱尔兰政治、文化中心和最大的工业城市。

[山岩上的石柱]

[巨人之路]

[巨人之路美景]

传说芬·麦库尔为了和苏格兰巨人决斗，千辛万苦修筑好巨人之路，却发现贝兰多比自己高大很多，于是不敢发起决战，可是又不甘受辱，所幸他聪明的妻子出了个主意，她让芬·麦库尔装扮成婴儿躺在摇篮里，贝兰多看到芬·麦库尔，心想他的孩子都这么大，那父亲不知有多大，吓得赶紧跑回苏格兰了，随后，芬·麦库尔就毁掉了亲手铺设的巨人之路。

为了接她到巨人岛来而建造了这条堤道。

柱状玄武岩地貌的完美表现

巨人之路是柱状玄武岩地貌的完美表现，这些巨大的玄武岩石柱在海岸边绵延起伏，远远望去，如同山岳一般壮美。

事实上，巨人之路是由于大西洋地壳裂开，炙热的岩浆喷涌而出，遇海水后迅速冷却凝固而成的一种天然的玄武岩，也就是冰与火交相共舞的结晶。

千万年来，这些玄武岩石柱受冰川的侵蚀和大西洋海浪的冲刷，海浪沿着石柱间的断层线把暴露的部分逐渐侵蚀掉，松动的石块则被海水搬运走，因而使巨人之路呈现台阶式的外貌雏形，再经过千万年的侵蚀、风化，最终形成了玄武岩石堤阶梯这种奇特的景观。

世界上最善变的海滩

尖角海滩

尖角海滩是善变的，也是独一无二的，它会随着风向、潮汐的变化而改变大小和形状，是世界上最怪异的旅游胜地之一，也是一个能让人充分享受美丽和宁静的地方。

[航拍尖角海滩]

尖角海滩位于克罗地亚的布拉奇岛上，这座岛是亚得里亚海中的第三大岛，也是达尔马提亚地区的第一大岛，整座海岛呈心形，因尖角海滩而闻名。

布拉奇岛东西长40千米，宽7～14千米，面积396平方千米，尖角海滩就位于岛的南端。其长达530米，是由于常年海侵风蚀而形成的一处像匕首一样直刺进大海的白色鹅卵石海滩，它的一端伸入海中，会随着风向、潮汐的变化而改变大小和形状，是世界上最怪异的旅游胜地之一。

尖角海滩不远处零散分布着几个小村庄和小镇，漫步其中，可以感受这里的人文风情，品尝当地的美食，如顶级橄榄油、羊肉、羊奶酪等；还可以坐上筏子，沿着海岸参观岛周围的酿酒厂，或者乘船出海去垂钓、冲浪。

[尖角海滩]

尖角海滩很独特，整个海滩呈三角形，它是一处由于潮汐和风向作用而形成的以白色鹅卵石为主的海滩。

尖角海滩旁边的每一个小村庄都有古老教堂，村庄内的建筑物大部分是有几百年历史的石头房子。

《红猪》中的秘境

斯塔尼瓦海湾

日本著名动画大师宫崎骏的作品几十年来温暖了无数人，治愈过许多孤独的心灵，他最厉害的地方就是能让人们深信童话的同时，还能在剧情中找到现实的缩影，如《红猪》中的秘境就存在于克罗地亚的一座海岛之中。

[《妈妈咪呀2：再次出发》剧照]

维斯岛淳朴的美，使得电影《妈妈咪呀2：再次出发》选择在此拍摄。

[俯瞰斯塔尼瓦海湾]

整座岛被绿色覆盖

维斯岛是克罗地亚沿海一座比较贫瘠的岛屿，但是岛民们的日子过得悠闲惬意。岛上住了4000多人，以老人和小孩居多。

在岛上放眼望去，除了蔚蓝的大海之外，就是大片的绿色植物，旅行作家詹姆斯·霍普金曾在他的作品中描述："整座维斯岛犹如一座丰富的天然动植物园。"

维斯岛上的房屋大部分是用淡褐色的石头建造在绿植间，与以白色为主的希腊群岛上的建筑风格截然不同，少了造作，多了一份生活气息，这是自然与淳朴的完美结合。

《红猪》中的秘境

维斯岛有蓝天、碧海、绿树、白沙，是欧洲人眼中最美的海岛，它不仅打动了欧洲人，还打动了宫

[动画电影《红猪》中的场景]
宫崎骏的动画电影《红猪》中的维斯岛场景。

[斯塔尼瓦海湾实景]

崎骏，他把对维斯岛"最美"的感受以及"海滩和蓝洞"融入自己的作品中，其中最直接的证据就是斯塔尼瓦海湾，几乎和他的动画电影《红猪》中的一些场景一模一样。

[维斯岛蓝洞]

在斯塔尼瓦海湾不远处还有个蓝洞，洞口非常小，整个蓝洞内部没有阳光，从洞穴底部海水中折射进来的幽蓝光线，把整个洞穴染成蓝色，漂亮极了！

斯塔尼瓦海湾

斯塔尼瓦海湾被山崖环抱，只有一个 4 ~ 5 米的缺口朝向大海，这种地形使这里成为一个极度完美的私密地方，因而成为情侣们最喜欢的秘境，在此可以任性地躺在细软的沙滩上，享受海风和阳光的抚慰，也可以潜入海中感受大海的澎湃，这是多么美好惬意的生活。《红猪》中描写了现实的残酷，斯塔尼瓦海湾却能让人在幽静中感受到最真实、最打动人心的美。

第一座靠裸体海滩出名的海岛

拉布岛

　　裸体海滩并不罕见，但拉布岛却拥有世界上最早的裸体海滩，更让人惊讶的是，这个裸体海滩的形成得益于一位英国国王的个人喜好。

[拉布岛众多的小海湾]

[爱德华八世与辛普森夫人]

　　拉布岛是克罗地亚的一座岛屿，位于亚得里亚海北部，由于其独特的喀斯特地貌，形成了众多私密性绝佳的小海湾，这或许就是这里拥有第一个裸体海滩的原因之一。

独特的历史文化

　　拉布岛并不大，面积只有 93.6 平方千米，居民人数不足万人。历史上曾被多国统治过，中世纪时被达尔马提亚共和国统治，后被威尼斯夺走，后来又几经易主，形成了独特的历史文化，岛上有众多的历史古迹，既有罗马时期的建筑，也有威尼斯统治时期的建筑等。

爱德华八世成就了第一个裸体海滩

拉布岛民风淳朴保守，怎么也无法让人联想到裸体海滩，而且是世界上第一个拥有裸体海滩的地方，究其原因，源于英国国王爱德华八世。1936年1月，爱德华八世加冕，同年就带着情妇辛普森夫人来到了拉布岛度假，他们都是裸体主义者。

爱德华八世为了满足自己裸体的爱好，找到了当地政府，获得了特别许可：允许在拉布岛的一处海滩上不穿衣服游泳。

从这以后，拉布岛成为裸体度假胜地，并且拥有全球第一个被官方正式指定的裸体海滩，正是因为这个海滩，如今整座岛都成了自然主义（裸体主义）心中的旅游胜地。

[拉布岛裸体海滩]

> 拉布岛以渔业、农业、旅游业及成衣业为主，以所产水果和葡萄酒而闻名。

爱德华八世为红颜退位

爱德华八世是英国在位最短的国王之一，他在成为国王后，想迎娶已两度结婚、还有丈夫的恩尼斯特·辛普森夫人，引发了英国的宪政危机，遭到政府、人民和教会的反对。爱德华八世因此决定选择退位，成为英国和英联邦历史上唯一自愿退位的国王，退位后他得到了温莎公爵的名衔。后世在提及"不爱江山爱美人"这句话时，往往会联想到温莎公爵的爱情故事。

> 拉布岛是裸体海滩的诞生地，这片海滩还被美国有线电视新闻网（CNN）评为"全球十大裸体海滩"之一。

拉布岛既拥有古朴的历史建筑，又崇尚海岛的自然元素，还推崇裸体海滩，来到这里，不仅能够感受当地的风土人情，还能给人一种脱离枷锁、返璞归真的感觉。

[拉布岛上4座古老的钟楼]

这里的大海会弹琴

海风琴

扎达尔古城的海岸边有一架经过精心设计的海风琴，在潮汐涨落之时，海水拍打着"琴键"，会演奏出美妙的乐声。

[罗马时代的建筑]

扎达尔在罗马时代就建立了，在恺撒和奥古斯都时期，城市的防御得到了加强，修建了带有塔楼的城墙、城门广场、教堂和神庙等。

克罗地亚有众多古城，扎达尔是其中最迷人的，它是克罗地亚第五大城市，也是东南欧著名的旅游胜地之一。扎达尔除了拥有大量罗马时代和威尼斯统治时期的建筑之外，还有海风琴和向太阳致敬这两个著名的景点。

海风琴的故乡

在扎达尔最靠海、伸出陆地的海岸边，有一排白色石阶延伸至海水之中，看上去并没有什么特别之处，但是每当潮汐涨落之时，随着水位变化，海浪轻轻拍打台阶，静心倾听，台阶中会发出让人意想不到的音乐之声，犹如大海在

[威尼斯统治时期的建筑]

演奏一般。因此，扎达尔被誉为"海风琴的故乡"，每年都吸引大量来自世界各地的游客，只为目睹海风琴的魅力乐曲。

儿时的灵感

海风琴并非自然地质景观，而是人造景观，它是由建筑师尼古拉·巴希奇一手打造的，其设计灵感来源于他的儿时记忆：他从小生活在海边，喜欢聆听海浪拍打岩石的声响，长大后，便在扎达尔的海岸边精心设计了海风琴。

海风琴建成于 2005 年，在白色石阶下暗藏了 35 个大型风琴管，在大海潮汐发生变化时，风琴管中会形成气压变化，从而发出美妙的乐声。

[海风琴进水孔]
海水随着潮汐从台阶上预留的空洞进出，海风琴便会发出美妙的声音。

向太阳致敬

沿着海风琴的台阶往陆地走，不远处的海边广场就是扎达尔另一座有名的现代建筑——向太阳致敬。

整个广场呈圆形，直径达 22 米，由 300 多块太阳能电池板平铺而成，白天会收集太阳的能量并存储起来，晚上广场上的 LED 灯会随着海风琴的节奏绽放出奇异光彩。这些灯光不受人工控制，完全由海浪来控制与启动，再结合电脑调控播放各种画面，非常奇妙。

在充满中世纪气息的扎达尔，漫步在街头巷尾，可以感受沧桑岁月留下的痕迹，特别是在晚上，聆听海风琴演奏着大海乐章，欣赏着海边广场上五彩斑斓的灯光，让人不禁为此动容，从而向太阳致敬，向大海致敬。

[炫彩无比的"向太阳致敬"]
白天有太阳的时候，电池板接收阳光并转换成电能储存起来。黄昏以后，由储存的电能驱动 1 万根光电管发出五彩光。在电脑系统的调控下，这些光电管可以组成不同的画面，并根据古老的圣格里索格太阳历在地面上 36 个阳光投影的位置轮流拼出扎达尔历史上 36 位古代圣贤的名字。

站在世界边缘的灯塔

内斯特角灯塔

内斯特角灯塔孤独地矗立在斯凯岛海岸，将荒无人迹、粗犷孤寂、辽阔苍凉的苏格兰高地的气质映衬得格外凄美。

[内斯特角灯塔]

内斯特角灯塔位于苏格兰斯凯岛最西边的海岸上，被评为"世界最美的十座灯塔"之一，这里是一个绝佳的观海点。

斯凯岛也叫天空岛，位于苏格兰西北近海处，是苏格兰西部赫布里斯群岛中最大、最北的岛屿，岛长约50千米，最宽处不到8千米。

[内斯特角灯塔近景]

站在世界边缘的灯塔

内斯特角灯塔建于1909年，是一座由48万根蜡烛作为动力的灯塔，其矗立在斯

[斯凯岛大桥]

凯岛一座直插北大西洋的悬崖下的土地尖端上，被澎湃的海水包裹着。

去往内斯特角灯塔的交通不太便利，只能自驾或者徒步。先到达灯塔背靠的高大悬崖，悬崖顶上的风很大，而且很陡峭、很危险，然后再向西沿着悬崖边的小路向下到达一块平地，灯塔就在平地的最前端，被誉为"站在世界边缘的灯塔"。

斯凯岛大桥

1995 年，斯凯岛修建了一座跨越海峡的大桥，将斯凯岛与苏格兰陆地连接在一起，斯凯岛的交通方便了很多。来到内斯特角灯塔游玩的游客逐年增加，斯凯岛才开始被更多人认识，斯凯岛大桥因此被称为"为世人打开天堂之门的仙境之桥"。

迷雾中的岛屿

斯凯岛就像仙境一样，长期被云雾遮盖，不露真空，在苏格兰盖尔语中，斯凯岛这个名字被称为"迷雾中的岛屿"。岛上除了有内斯特角灯塔、斯凯岛大桥之外，还有雄壮的艾琳多南堡、古老的邓韦根城堡、苏格兰裙边悬崖、老人峰、奎雷因……有一步一景的曼妙，是许多电影的取景地，也是一个值得游客驻足细细品味的地方。

[斯凯岛荒凉之美]

斯凯岛大多为高位沼泽（又称"泥炭沼泽"或"苔藓沼泽"，为沼泽发展的后期阶段），并不适合开垦种植，因此自古以来，斯凯岛一直是一座荒凉、贫瘠的小岛。

斯凯岛因为长期与陆地隔绝，呈现独特的韵味，岛上居民至今仍在使用盖尔语，岛上建有盖尔语学校，他们用自己独特而古老的语言吟唱着诗歌，传承着文化，是盖尔人文化保存最完整的地方。

[斯凯岛上的"非主流牛"]

斯凯岛上的牛全身披着金红色的长毛，眼前有长长的毛遮盖眼睛，因为这种特有的齐刘海"非主流"造型，它们也被称为"非主流牛"。

现实中的天空之城

金角湾

在落日余晖中，金角湾沿岸的红屋顶、清真寺、横卧海峡的大桥以及飘着星月旗的高塔都镀上了一层亦幻亦真的金色，这便是土耳其最美的风景——"天空之城"。

金角湾位于博斯普鲁斯海峡南口西岸，从欧亚两洲的天然分界线马尔马拉海伸入欧洲大陆。其长约 7 千米，形状像一只细长的羚羊角，将伊斯坦布尔的欧洲部分一分为二，是世界首屈一指的优良天然港口之一。

[加拉太塔]

图中最高的建筑就是加拉太塔，这里曾经是热那亚人的据点。

[金角湾美景]

金角湾是最著名、最动人的海湾

金角湾是一处狭长的水域，曾是拜占庭帝国北部的重要屏障，也是海军和海洋运输的基地，北岸山坡最高点的加拉太塔有热那亚人的堡垒。

1453 年，奥斯曼帝国出动 30 万大军，从三面围困拜占庭帝国首都君士坦丁堡，久攻不下。其重要原因是加拉太塔的堡垒易守难攻，加上金角湾东首水路（如

今的加拉太大桥的位置）被拜占庭帝国海军拉起了一条坚固的铁链，封锁了进入金角湾的唯一通道。

后来，奥斯曼帝国收买了热那亚人，大军直接绕过热那亚人在加拉太塔的堡垒和防区进入了金角湾，突然兵临君士坦丁堡城下，随后水陆并进，攻破了君士坦丁堡。此后，此城被改名为伊斯坦布尔，成为奥斯曼帝国的首都，金角湾则成了奥斯曼帝国重要的海军及商业据点，是伊斯坦布尔港口的主要部分，如今的金角湾是伊斯坦布尔城最著名、最动人的海湾，其两岸遍布伊斯坦布尔著名的观光景点。

非常重要的交通要道

如今要想到达伊斯坦布尔，金角湾依旧是非常重要的交通要道，游客可以从金角湾码头登陆，乘坐

[大巴扎]

这是一个大集市，就好像我国各地的百货城，又有点像各种集市，和上海老城隍庙市集一样，里面什么都有。

[蓝色清真寺]

蓝色清真寺又名苏丹艾哈迈德清真寺，是伊斯坦布尔最大的圆顶建筑，庞大而优雅。由苏丹艾哈迈德一世于 1609 年开始修建，1617 年建成。该清真寺的墙壁在 1/3 以上高的地方使用了土耳其瓷器名镇伊兹尼克烧制的蓝彩釉贴瓷（共 21 043 片），在太阳光线的反射下，整座清真寺呈现蓝色光彩，故称“蓝色清真寺”。

[电影《东方快车谋杀案》海报]

电影《东方快车谋杀案》的故事发生在 1930 年，纽约发生了一起骇人听闻的绑架撕票案，主谋卡塞蒂携赎金逍遥法外。5 年后，侦探赫丘里·波罗（艾伯特·芬尼饰）乘船渡过博斯普鲁斯海峡，并在朋友比安奇的安排下登上东方快车，去往伦敦。

[蓝色清真寺贴满瓷砖的屋顶]

游船往上探索金角湾以及伊斯坦布尔沿岸的风光，也可以选择乘坐电影《东方快车谋杀案》中的火车，沿着东方快车的路线，绕着伊斯坦布尔的海边城墙缓缓而行，最后再回到金角湾。

这里的火车从金角湾启程，除了发往伊斯坦布尔，还驶向维也纳、巴黎以及充满未知际遇的旅途。

观光景点众多

金角湾平静得像一条蓝色丝缎，大大小小的船只随意地散布在海面上，有种错落的美感，船头朝向四面八方，还有一些船只掩藏在几座新旧不一的桥身下。

金角湾及其两岸依然保留着许多拜占庭帝国、奥斯曼帝国时代的木房子，还有加拉太塔、圣索菲亚大教堂、蓝色清真寺、苏莱曼清真寺、大巴扎、香料市场、横跨欧亚大陆的欧亚大桥、加拉太大桥等著名观光景点。

[圣索菲亚大教堂]

最美的夕阳

日落时分，金角湾的天空呈现灰蓝色，波光粼粼的海水呈现蓝色，海鸥惊叫着不时掠过水面，时间仿佛在金角湾忽然慢了下来。在落日余晖的逆光里，可以看到沿岸的很多清真寺，无论是廊柱还是内外墙面，都贴满了至美的蓝白色瓷砖。清真寺内宣礼塔的唱经声，混杂着远处轮船的汽笛声，给人一种奇妙的感觉，这便是土耳其的"天空之城"，迷人的不仅仅是古老的建筑和历史，还有一种生活的态度，让人情不自禁地爱上它。

[加拉太大桥]

金角湾上横架着三座大桥，从入海口上行分别是加拉太大桥、阿塔图尔克大桥和老加拉太大桥。金角湾上的加拉太大桥是最繁忙的大桥之一，大桥下是吃美食的地方，也是欣赏夜景的好去处。

[金角湾的落日余晖]

来自上帝之手的杰作

大教堂海滩

海滩上巨大的岩石在日复一日的潮起潮落中被海浪拍打侵蚀，形成了数个似哥特式教堂尖拱的天然石窟，蔚为壮观，恍若出自上帝之手。

大教堂海滩又叫卡特德莱斯海滩，位于西班牙北部卢戈省的里瓦德奥小镇旁边，它是一个奇特而美丽的沙滩，被评为"欧洲最美的海滩"之一。

> 大教堂海滩是韩剧《蓝色大海的传说》的取景地之一。

由高度超过 32 米的悬崖组成

大教堂海滩由高度超过 32 米的悬崖组成，是大西洋几百万年来艺术杰作的展览大厅，这里的岩石是很典型的页岩，样貌奇特，而且数量惊人，是西班牙唯一拥

[如哥特式教堂的尖拱的石拱]

[哥特式教堂的尖拱]
哥特式建筑通常大量采用这样的尖拱造型。

[海滩上隐藏的石洞]

[渐露水面的石拱]

有的如此集中的岩石群，其海滩质量被认证为蓝旗标准（西班牙海滩质量评级中蓝旗为最佳）。

并不是 24 小时都能看到

大教堂海滩的美景并不是 24 小时都能看到，由于海滩独特的地理位置，当地潮汐水位落差很大，有 6 ~ 8 米，涨潮时，潮水会慢慢地将这些"教堂"吞没，因此参观"教堂"最好的时间是退潮时，也正因为来之不易，让很多人不惜在这里花费一天的时间，只为等待这些神奇的"教堂"出现。

观赏大教堂海滩时，可以先选择站在峭壁高处，观看由西向东延伸的悬崖顶端，随着潮水渐退，慢慢地渐露岩石，等完全退潮后，岩洞和石拱则完全裸露出来，这时就可以走下峭壁，踏上软绵绵的沙滩，进入"教堂"。

[大教堂海滩观景台]
在海滩岸边的巨岩顶部，靠海的位置用栏杆围成了观景台，供游客在此休息、等待退潮，能欣赏到海滩全貌和涨潮、退潮的过程。

[大门洞]
海滩弓状的岩石和大教堂的飞檐设计很像。

网红打卡地"大门洞"

大教堂海滩上的"教堂"其实是形态各异的岩洞和石拱，在阳光照射之下显得极为雄伟，而且"大教堂"会随着一天中太阳的位置不同，反射出不同的颜色，显得斑斓多彩。

在大教堂海滩众多的岩洞和石拱中，有一处巨型的石拱门走廊，是这里最具代表性的地方——"大门洞"。进入"大门洞"，里面有一些低洼的坑，残留着没有退去的海水，有些很深，可以游泳，水温会比大海里高不少；也可以躺在门洞中的沙滩上，仰望天空；还可以通过"大门洞"前往更多奇形怪状的洞穴中一探究竟。

[卢戈古城]
卢戈古城位于西班牙西北部山区，属于加利西亚大区。卢戈古城拥有世界上保存最完整的古罗马城墙，高大的城墙是用页岩砌成的，全长达2140米，从城墙向外突出的85个半圆形石堡现仍保存50个。此城是公元3世纪时的罗马人建成的，城墙上是一条完整的步行道，绕城一圈需要30分钟。2000年，卢戈古城被列为世界文化遗产。

[海滩上的巨石]
大教堂海滩上巨石林立，在巨石与巨石之间又形成了许多小海滩和海湾。

陆止于此，海始于斯

罗卡角

这是一处伸向苍茫大海的悬崖岬角，陆地到此终止，前方是一望无际、烟波浩渺的海洋起点，因此，这里是欧洲人心目中的天涯海角，被称为欧洲大陆的尽头！

[辛特拉的雷加莱拉宫]

辛特拉山从里斯本一直延伸到大西洋岸边。辛特拉城就在北侧山脚下，尽享优越的气候，历史上是寺院和王室休假胜地。辛特拉有众多异常精美的建筑，贵族们在城内和山上盖起了漂亮的别墅。王宫的城堡变成了王室的主要休假地点。

罗卡角是葡萄牙最西端的一个伸入大西洋中的海角，也是整个欧洲大陆的最西点。"罗卡"的意思是岩石，罗卡角就是辛特拉山西端一座约 140 米高的狭窄悬崖，号称"欧洲的天涯海角"，曾被评为"全球最值得去的 50 个地方"之一。

一座十字架纪念碑

罗卡角的山崖上有一座由石头垒成的十字架纪念碑，上面刻有葡萄牙大航海时代的诗人卡蒙斯的著名诗句："陆止于此，海始于斯。"它是一座顶着十字架的丰碑，矗立于天地之间，面朝

[面向大洋的十字架纪念碑]

碑上用葡萄牙语写着："陆止于此，海始于斯"和地理坐标：北纬 38°47'，西经 9°30'。

[贝伦塔]

贝伦塔是世界文化遗产之一，此塔不仅见证了葡萄牙曾经辉煌的历史，同时也与另外两个防御据点遥相呼应，形成掎角之势。这里曾经是野心勃勃的航海家们的起始点，见证了一个海洋帝国的迅速扩张。

[罗卡角灯塔]

罗卡角灯塔矗立在陆地的最后一块山岩上。

大西洋，是罗卡角最引人注目的标志，与别处的海角相比，罗卡角陡峭的悬崖更显寂寞而冷清，也更悲壮而孤单，使人有一种走到了天边的感觉。

葡萄牙远近闻名的景点

罗卡角静立在大西洋海岸，一边是美妙绝伦的蓝天、白云，以及一望无际的大海和翱翔的海鸟；另一边是荒原、丘陵、碎石和蜿蜒的山道。无论是碧波惊涛，还是蓝天和白云，都将罗卡角绝壁之巅的红顶白墙的灯塔映衬得格外别致。这座灯塔与不远处的十字架纪念碑互相呼应，守护着罗卡角。

葡萄牙的国土犹如一艘驳船停泊在欧洲大陆西南的边缘，而罗卡角仿佛是一扇敞开的舷窗，把人们的视野引向辽阔的大西洋，吸引人们前赴后继，探寻这个海角的神秘和壮阔。

非洲的好望角在罗卡角的东南，智利的合恩角在罗卡角的西南，好望角、罗卡角、合恩角并称世界三大海角，而罗卡角是这个铺设在大西洋上的巨大三角形的起笔。罗卡角作为"文化原点"的意义，远远超过作为欧洲大陆最西端的地标意义。

[罗卡角峭壁]

纤尘不染的希腊蓝宝石
沉船湾

沉船湾被称为"希腊的蓝宝石"，拥有陡峭的悬崖、清澈蔚蓝的海水、洁白的沙滩，还有一艘锈迹斑斑的老铁船，这里曾是名噪一时的电视剧《太阳的后裔》的取景地。

[索洛莫斯雕像]

索洛莫斯是现代希腊诗歌最重要的奠基人之一，是希腊国歌的作词者。在扎金索斯岛的索洛莫斯广场，为纪念这位伟大的诗人而竖立了专门的雕像。

[沉船内已经铺满了沙子]

沉船湾位于希腊扎金索斯岛的西北海岸，是一个裸露的小海湾，也被称为"海盗湾"，因1983年一艘运输香烟的走私船失事于此而得名"沉船湾"。

让人忘记天堂的地方

希腊著名诗人索洛莫斯曾说，在扎金索斯岛有一个"让人忘记天堂"的地方，毫无疑问，这个地方就是指沉船湾。

在陡峭的石灰崖环抱中，一艘锈迹斑驳的破船被遗弃在一片纯白、耀眼的沙滩上，"果冻"色的海水从破船不远处缓缓延伸出去，与远处的天空连成一片，蓝白相间，美得让人难以用言语形容，到访过此地的人都说，

扎金索斯岛位于希腊西部，属于爱奥尼亚海，岛屿的名称取自希腊神话中达耳达诺斯的儿子扎金索斯。这里不仅是科林斯黑葡萄干的原产地，也是世界罕见的蠵龟的天堂。在电视剧《太阳的后裔》中，男女主人公最终确立恋爱关系的所有情节都是在这座小岛上拍摄的。

[沉船湾被峭壁环抱的沙滩]

[沉船湾的破船]

它的美，真的如诗人索洛莫斯说的那样，能让人忘记天堂是什么模样。

最佳表白圣地

当站上崖顶狭窄的观景台，低头放眼望去，小小的海湾一眼望尽，碧海蓝天的绝美搭配，给到访的游客带来极大的视觉震撼。

在《太阳的后裔》中，宋仲基饰演的柳时镇载着宋慧乔饰演的姜暮烟划船来到此地，姜暮烟立刻就被这片美丽的奇观吸引，柳时镇随即用沙滩上的白色鹅卵石定情……因电视剧中的这个片段，这里被网友戏称为"最佳表白圣地"。

1983年的某一天，希腊当局接到线报，在扎金索斯海域有一艘走私违禁品的船只，于是警匪之间开始了一场追逐。因为暴风雨天气的影响，这艘船冲上这片海滩从而搁浅。事后，船被遗弃在这片白色沙滩上，因几十年来雨打风吹而锈迹斑斑，以至于后来不知情的人们还以为这是一艘承载着传奇故事的海盗沉船。

别有洞天的希腊蓝洞

沉船湾是希腊最具代表性的海滩，作为希腊的象征之一，常出现在明信片上，而与它一起出现的还有一个巨大的蓝洞。

沿着沉船湾，坐船行驶几分钟就能看到一个岩洞，这里就是扎金索斯岛的"蓝洞"，它由一座巍峨的岩石拱门组成，与其他地方的蓝洞一样，都是由于海蚀形成的类似于盆地的"石窟"，当阳光照射下来，石窟内蔚蓝的海水闪着晶莹剔透的光芒，看上去纯净得有些不真实。这里由于原始且荒僻，游客没有其他地方的那么多。

[沉船湾附近的蓝洞]

洒落在地中海的明珠

天使湾 :>::·

天使湾紧邻英国人漫步大道，其海滨的大圆弧线几乎如圆规画出一般优美，两端的尖端呼应，如天使的一对翅膀，海湾内高低错落的平房、沙滩上悠闲自在的游客，无不展示着特有的南法风情。

蔚蓝海岸得名于出生于第戎的史蒂芬妮于1888年发表的同名小说，是法国最出名的海岸，从法国的圣特罗佩一直延伸到与意大利接壤的芒通，其中又以尼斯、戛纳和摩纳哥的海岸最出名。

[英国人漫步大道]

尼斯位于法国东南部的普罗旺斯—阿尔卑斯—蓝色海岸大区，是滨海阿尔卑斯省首府和该省最大城市，也是仅次于巴黎的法国第二大旅游胜地，其海滨的天使湾更是欧洲人夏天度假的首选之地，也是法国蔚蓝海岸上最秀美的一段海岸。

[天使湾]

英国人漫步大道

尼斯和大部分欧洲城市一样，城内有城市广场和大量罗马式建筑，沿着老城街道一直走到南部，便是尼斯标志性、最有名的海滨散步大道——英国人漫步大道（盎格鲁大道），这是一条长达5千米、有着优美曲线并布满鲜花和棕榈树的大道，它是1830年由尼斯的英国侨民为疗养病人募款修建的，大道一侧是鳞次栉比的艺术画廊、商店及豪华酒店，另一侧就是迷人的天使湾。

闻名世界的天使湾

天使湾是世界三大海湾之一，三面环山，一面临海，海湾的大圆弧线如圆规画出一般优美，整个海湾如天使的翅膀拥抱着大海。

天使湾的海滩特别美丽，海滩上虽不是细腻的沙，而是鹅卵石，踩上去有些扎脚，却别有一番趣味。无论是躺在天使湾的海滩上享受着阳光浴，还是欣赏渐变色的海水和白色的海浪不时撞击的美景，都是一种完美的享受。除此之外，天使湾的日落美景也不容错过，在夕阳照耀下，海面上洒满一片金色，十分漂亮、宁静。

［尼斯老城与新城］

尼斯新城在摩天轮背后，橙黄色屋顶处是老城。

La Tour Bellanda a été érigée en 1826 à l'emplacement exact de l'ancienne tour « Saint Elme » qui avait été détruite lors du démantèlement de la forteresse en 1706.

La torre « Bellanda » e stata costruita nel 1826 , proprio al posto sull'area dell'antica « Tour Saint Elme » distrutta al momento dello smantellamento del 1706.

The ' Tour Bellanda ' was erected in 1826, on the precise location of the former tour Saint Elme , destroyed in 1706.

［城堡山介绍］

城堡山是俯瞰整个天使湾和尼斯老城的最佳观景地点。城堡山是数千年前希腊弗凯亚人选定修建商行的地方，并且因此而建造了尼斯城。这里曾是一座希腊古代城市和第一座中世纪城市要塞，如今的城堡山仅余几面墙，以及建于11世纪的大教堂遗迹、马赛克地面。

［天使湾的鹅卵石海滩］

意大利最美海滩

兔子海滩

兔子海滩是意大利最美的海滩，也是"全球最美海滩"之一，曾荣膺《2013年旅行者之选》"最美海滩"桂冠。

[兔子海滩]
被海湾环抱的兔子海滩。

[兔子岛]

兔子海滩位于意大利最南端的兰佩杜萨岛，该岛的南部海岸与相连的兔子岛海岸组成了一个心形的海滩，这便是兔子海滩。

兔子海滩得名于兔子岛，相传在海盗横行的年代，这里被海盗们放养了许多兔子，作为补充食物的地方，后来随着海盗们的覆灭，这里渐渐被人们遗忘，而这里的兔子却因自由繁殖，数量大增，成了海岛的主人，因此这里被命名为兔子岛。之后，岛上又来了一批海盗，这些兔子被大肆捕杀。

如今岛上已经完全看不到兔子，反而有很多海龟，每年春、夏交接之际，海龟就会游上兔子岛的洞穴中产卵，目前兔子海滩已经成了自然保护区，禁止建造房屋。

> 兰佩杜萨岛是佩拉杰群岛中最大的一座岛，也是群岛中唯一有机场的岛。岛上最著名的景点就是兔子海滩。

大洋洲篇

小人国王后的沐浴处
王后浴缸

这里相传曾是小人国的世界，拥有神秘的大农场、甘蔗地、热带雨林、原始沙滩和海中的悬崖，处处透着与世隔绝的氛围，是崇尚自然的旅行者的目的地。

在夏威夷群岛最北端的可爱岛的纳帕利海岸，有一条长达 27 千米的海岸线，王后浴缸便是这里最美丽的风景之一。

神秘小矮人的生存之地

纳帕利海岸是夏威夷群岛上最壮观的海岸线之一，拥有直插天际的碧绿悬崖，可俯瞰浩瀚的太平洋全景，还有喷泻瀑布流入的深邃狭窄山谷。

英国著名小说《格列佛游记》中描述了一个奇幻的小人国，让无数中外读者都感到十分惊奇。现实世界中的小人国就在纳帕利海岸，相传早在 2 世纪，神秘的小矮人曼涅胡内人就在这里生活着，他们耕种捕鱼，过着自给自足、朴素快乐的生活。

[可爱岛纳帕利海岸直插
天际的碧绿悬崖]

可爱岛又译作考艾岛或考爱岛，拥有 600 万年的历史，相传夏威夷最初的神就居住在这里。

[电影《格列佛游记》剧照]

[王后浴缸]

冬天刮风时，可爱岛北岸的海滩波涛汹涌，哪怕是"浴缸"里的水有时也是致命的，所以这时是禁止游客下水的，只有夏天这里才会风平浪静。

曼涅胡内人的身高为 60～80 厘米，在鼎盛时期高达百万人。曼涅胡内人是天生的建筑师，夏威夷岛上的很多历史建筑都是由他们建造的，比如拦河坝、蓄水池和庙宇等，在夏威夷的波绍波弗博物馆保存的费尔纳捷的手稿中就记载了曼涅胡内人建造 34 座庙宇的情景。据可爱岛原住民老人介绍，曼涅胡内人建筑大军总是在晚上工作，每当太阳初露头角，他们便会匆忙返回自己的家园。如今小矮人早已消失，留给人们的只有神秘的传说和珍贵的建筑遗址。

王后浴缸

王后浴缸是一个由火山岩形成的大凹池子，和海水相通，像一个很大的豪华浴缸，镶嵌在纳帕利海岸上，相传这是当年小人国曼涅胡内人的王后的沐浴处。太平洋波涛汹涌，王后浴缸里面却水平如镜，非常神奇。

除此之外，在漫长的纳帕利海岸上还有可爱岛上最高峰卡威吉尼亚山（海拔 1598 米），这里地形崎岖，峰高谷深，其中的卡拉劳步道被誉为"世界十大最美徒步路线"之一。

[威美亚峡谷]

威美亚峡谷大气、恢宏。峡谷里到处都是悬崖峭壁，怪石林立，历经岁月沧桑，被风雨剥蚀的岩层在游客面前呈现不同的颜色，近乎荒芜的红沙漠特征与其周围葱葱郁郁的植被形成鲜明的对比。天空高远蔚蓝，浮云穿行于奇峰之间。电影《侏罗纪公园》就曾在峡谷内取景。

王后浴缸在冬天真的很危险，2008 年，有 4 个人在此丧命，他们都没有下去游泳，只是在悬崖边站着，就被扑面而来的浪花卷入这个"浴缸"，淹死了。

[卡拉劳步道]

卡拉劳步道全长约 17.7 千米，是影片《侏罗纪公园》《金刚》等的取景地。

天边的那一抹红

夏威夷红沙滩

这是一片与世隔绝的海滩，沙滩上遍布神奇的铁锈色的沙子，显得荒芜、神秘，恍若外星球上的场景。

[神秘的夏威夷红沙滩]

[通往红沙滩的小路]

夏威夷红沙滩又叫凯哈鲁鲁海滩，位于夏威夷群岛第二大岛茂宜岛的哈纳湾南部，是夏威夷最著名的景点之一。

满眼是铁锈色

茂宜岛以其数量众多的海滩而闻名，而众多海滩中又以红沙滩最具特色，其所在位置十分隐蔽，从茂宜岛哈纳海滩公园有一条陡峭的小径可通往红沙滩，路上覆盖着松散的火山灰渣，路边长满了小草，十分难走。

红沙滩上裸露的岩石山体，看上去就像是铁锈色的堆积物，如果不是有蓝天白云的映衬，这里和月球表面真的没有太大区别。

红沙滩还很年轻

红沙滩是由环抱沙滩的深红色的火山岩的碎屑，经过海

[茂宜岛火山口]

茂宜岛火山口布满了铁锈色的火山灰，看上去十分诡异而神秘。

浪的冲刷而成，这种岩石山结构比较松软，并不需要经过海浪的打磨，岩石就会自行剥离山体，正因为如此，红沙滩的沙子颗粒比较粗糙，随着时间的推移，岩石山体会被进一步侵蚀，沙滩上的红色岩石颗粒的堆积物还会增加，因此这里的红沙滩还很年轻，沙滩的面积还会继续扩大。

又一个天体海滩

红沙滩周围的海浪并不大，但是却很少有平静的时候，因此并不适合游泳，而且也不适合光着脚丫在沙滩上行走，除非是为了享受被粗糙的沙粒按摩脚底的那种痛并快乐的感觉。不过，由于这里比较隐秘，因此受到了不少天体日光浴爱好者的青睐。

茂宜岛被认为是夏威夷群岛中最美丽的岛屿，它不仅有美丽的海岸线，还有秀丽的山峰和茂密的植物。

茂宜岛面积约为 1888 平方千米，是夏威夷群岛的第二大岛，岛由东、西两个板块构成，中间靠一段瓶颈状陆地相连。岛上的景色从沐浴阳光的沙滩到阴雨连绵的热带雨林，从富饶肥沃的山谷到荒凉贫瘠的火山，变化无穷，应有尽有。

[茂宜岛"巴甘虾"餐馆]

夏威夷的美食传统最早源自茂宜岛，并且这里的美食曾经多次在世界烹饪大赛中获奖。最值得一去的是以电影《阿甘正传》为渊源的"巴甘虾"餐馆，餐馆门口摆着一张乒乓球桌，旁边一把长椅上放着"阿甘"的书，椅子下面放着"阿甘"的那双跑鞋。

火山女神的眼泪

绿沙滩

这是一处原生态、绿色的沙滩，沙粒晶莹得犹如绿宝石一般，神秘而璀璨，传说每颗细沙都是火山女神的眼泪。

[美国的最南端]

南角公园位于夏威夷岛的最南部，同时也是美国的最南端，虽然只是一个标志性的地理位置，并无特殊景点，但仍然吸引了所有途经这里的游客。这是一个被荒草覆盖的悬崖海角，景色壮美，周围都是高山牧场，适合看海上落日。

[绿沙滩]

木瓜油沙滩被誉为"宝石"铺就的绿沙滩，位于夏威夷岛最南部的南角公园，是世界上仅有的两处绿沙滩之一。

火山女神的眼泪

绿沙滩的主要成分是绿色的橄榄石，其分布于海滩附近，由于海水的侵蚀和常年的摩擦作用，石头被一点点地磨成了现在的细沙，形成了世人瞩目的绿沙滩。

远远望去，绿沙滩好像一块细腻的碧玉陈列于海天之间，被海浪轻轻拍打后，湿润的沙滩好像木瓜油一般

非凡海洋大系

[普纳鲁吾黑沙滩]
相传居住在夏威夷岛的火山女神与海洋女神为抢夺情人而战，火山女神战败后被困于夏威夷岛南端的普纳鲁吾黑沙滩，黑沙滩下有火山女神的宫殿，而她的眼泪就成了绿沙滩。

[火山女神形象]
火山女神叫佩蕾，是夏威夷原住民的图腾神之一。

温润泛绿，因此也被叫作木瓜油沙滩。大多数人知道有白沙滩、黑沙滩、红沙滩甚至粉沙滩，但是绿沙滩确实让人感到神秘而疑惑。根据当地人的传说，这些橄榄石是火山女神佩蕾的眼泪流淌而成的。

橄榄石是一种天然宝石，其母岩是地幔最主要的造岩矿物，是一种镁与铁的硅酸盐。主要成分是铁、镁、硅，同时可含有锰、镍、钴等元素。晶体呈粒状，在岩石中呈分散颗粒或粒状集合体。属于岛状硅酸盐。橄榄石可蚀变形成蛇纹石或菱镁矿，可以作为耐火材料。

难得一见女神的眼泪

火山女神的眼泪可不是什么人都能触碰的，因为通往绿沙滩的道路未经垦荒，极其难走，不管多好的越野车都很难到达，只能徒步翻越崎岖不平的火山岩后到达绿沙滩的附近，然后再翻越一座陡峭的山崖才能到达绿沙滩，一睹火山女神的眼泪真颜。

稀有和珍贵的绿沙

绿沙滩只是小小的一片沙滩，没有经过任何商业的开发。在绿沙滩入口处有个警示牌，上面写着偷沙子会被罚 500 美元，凸显绿沙的稀有和珍贵。传说，如果擅自带走女神的眼泪，就会遭到女神的报复。

[放大后的绿沙颗粒晶莹剔透]

最具活力的激情沙滩

威基基海滩

威基基海滩是夏威夷最具活力的激情沙滩，可以游泳、冲浪、潜水，吃、喝、玩、乐、购物一应俱全，是到夏威夷度假的必到之地。

[尤克里里]

尤克里里的意思是"跳跃的跳蚤"，是夏威夷的一种四弦拨弦乐器，发明于葡萄牙，盛行于夏威夷，归属在吉他（一般六弦）乐器一族。

[奢华的威基基海滩]

威基基海滩位于夏威夷首府火奴鲁鲁（又称为檀香山市），其一面临海，另一面被阿拉威河与市区其他地方隔开。

充满激情的地方

威基基在原住民语言中是"喷涌之水"的意思，是多数人心目中最典型的夏威夷海滩，也是世界最著名的海滩之一，这里平均每日游客多达 2.5 万人，每年的观光收益就高达 50 亿美元，占了夏威夷全州观光收入的 45%，因此，只用"著名"两个字来形容威基基海滩似乎略显简单。

威基基海滩长仅 1.6 千米，有蔚蓝的大海、洁白的沙子、热烈的阳光，凡是来夏威夷旅游的人，威基基海滩是必到之地，因为这里实在是太美了。早在 19 世纪初，夏威夷群岛上的卡美哈美哈国王就爱上了这里，并在此修建了海滩别墅。

威基基海滩虽然只是个弹丸之地，却是一个充满激情的地方。来到这里，所有人的热情、活力都会被顷刻点燃，可以在这里游泳、冲浪、潜水，也可以坐在海滩边的餐厅，喝一杯浓浓的菠萝汁，看浪花朵朵，听夏威夷经典的尤克里里音乐和海水扑打在礁石上的声音，这一切让人觉得非常惬意。

古兰尼牧场大片拍摄地

古兰尼牧场距离威基基海滩有 40 分钟的车程，建于 1850 年，整个牧场沿海岸线绵延 8 千米，跨越三座山脉、两道峡谷，共占地约 16 平方千米。

[威基基海滩美景]

古兰尼牧场是大量好莱坞电影的拍摄地，如《侏罗纪公园》《珍珠港》《人猿泰山》《金刚》等，都有大量的场景曾在此拍摄，如今这里是瓦胡岛的顶级景区。

除了古兰尼牧场之外，威基基海滩周边还有很多有趣的景点，包括威基水族馆、檀香山动物园和恐龙湾等。

[威基基海滩上的冲浪板租赁点]

威基基海滩的浪比较大，是冲浪爱好者心中的天堂。

瓦胡岛上大多数的饭店皆坐落于威基基海滩。威基基海滩的西侧是世界上最大的开放式购物中心——阿拉莫纳中心。

卡美哈美哈国王是夏威夷历史上第一个统一夏威夷群岛的国王。

威基基海滩的公共服务设施非常健全，瓦胡岛的商业基本上都集中在这一块，包括吃饭、购物和娱乐。

[古兰尼牧场]

"夏威夷最理想的潜水地"之一

恐龙湾

恐龙湾是一个巨大的"U"形海湾，这里海天一色，美得独一无二，每个来此的人都在不经意间迷失在大海的怀抱之中。

[马蹄铁]

为了保护马蹄不受伤害，马主人都会在马的脚掌上钉上"U"形的马掌，所以每当马走过松软一点的地时，都会留下"U"形的脚印。

[恐龙湾美景]

马克·吐温曾说过："夏威夷是全世界最美丽的群岛"，瓦胡岛堪称夏威夷群岛的心脏，恐龙湾则是组成这个心脏的最重要的组织。

恐龙湾有许多形象的名字

恐龙湾也称为鳄鱼湾，更有欧洲人称其为马桶圈，据说恐龙湾这个名字是中国人给它起的。因为从海湾的一头远远望去，像是一头恐龙卧在海水中。此外，恐龙湾还被称为马蹄湾，因为它的一面受海浪万年不变的拍击而倒塌，变成了像被马蹄踩过的形状。

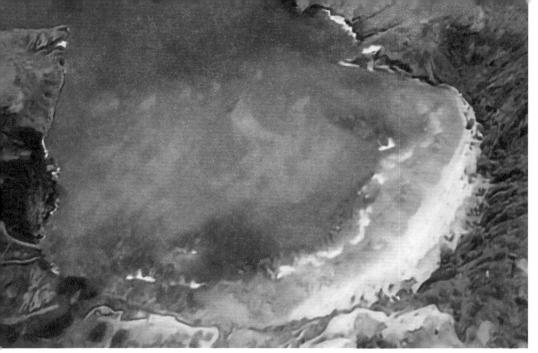

[鸟瞰恐龙湾]
鸟瞰恐龙湾，其形如一头巨型鳄鱼张开着大口在喝水。

恐龙湾是瓦胡岛上的一座海滩公园，鸟瞰整个海滩，就像一幅大自然鬼斧神工创造出来的现代派抽象画。不同的人来到这里，都会根据自己的想象给它取一个名字。

"夏威夷最理想的潜水地"之一

恐龙湾是一座火山喷发以后，由火山石堆砌而成的海湾，这里的海水非常清澈，海里有很多矿物质，海洋生物众多，水下的鱼类长得很肥，胆子非常大，只要手捧鱼食，放入水中，它们甚至敢一哄而上，从投喂者手中直接抢夺食物。这里浪小，有珊瑚礁石和聚集的热带鱼类，因此成为夏威夷最理想的潜水地之一。

瓦胡岛位于可爱岛和茂宜岛之间，是美国夏威夷州的首府，也是夏威夷群岛中人口最多的岛。

恐龙湾是电影《蓝色夏威夷》的外景地之一。

[水下珊瑚]
恐龙湾的鱼因常年被游客喂养，造成了海水污染，使水下珊瑚礁石大面积地受到破坏。当地政府为防止海湾进一步被污染，如今每天只允许3000名左右游客到访，并规定星期二不开放。

"世界五大奇景"之一

喷水海岸

踏上天宁岛，曾经的炮火仿佛就在眼前，如今硝烟虽然早已散去，这里也恢复了原始、粗犷，然而喷水海岸上一飞冲天的水柱，依旧会震撼每一个来到此地之人。

[装载原子弹的地方]

当年装载原子弹的地方是个长方形的坑，如今坑的上方装了玻璃罩。旁边竖立着一块介绍牌，可以让人们更清楚地了解当年装载原子弹的情况。

[日军空军指挥部遗址]

据说当年这栋楼的底层是日军空军指挥部及机要部门，而二楼就是供日军享乐的歌舞厅等。大楼已经在第二次世界大战中被美军炸毁，其残骸依然矗立在路边，从其残存的建造结构依旧可以看到当年辉煌的样子，这是一个被废弃的遗迹，除少数军事迷外，鲜有人知道。

喷水海岸位于北马里亚纳群岛第二大岛天宁岛东南端。天宁岛不大，岛上只有一条主公路，从岛屿的北方起沿着公路南下，两旁是被美丽的热带植物覆盖的山脉，途中可以经过关闭后被废弃的机场，曾经轰炸日本的两颗原子弹"小男孩"和"胖小子"，就是从这里被装载到B-29轰炸机上去的；沿途还有第二次世界大战时日军空军指挥部遗址等。

一直沿着天宁岛主公路南下，透过道路两旁郁郁葱葱的椰树，可以看到迷人的蓝绿色海洋，海岛的东南角就是被列为"世界五大奇景"之一的喷水海岸。

塔加海滩是戏水拍照的绝佳之地，也是热门的广告拍摄地，更是深受日本比基尼女郎喜爱的写真拍照点。

[塔加海滩]

"世界五大奇景"之一

喷水海岸的地形复杂，遍布着大小不同的不规则火山岩溶洞，这些溶洞历经百万年海浪冲击而形成，当潮水扑打溶洞时，会发出惊人、巨大的回声，除此之外，海水还会随着浪涌，穿越洞口，朝空中喷出数丈高的水柱，像鲸喷出的水柱一般。如果运气好的话，还能见到水雾折射出的、若隐若现的彩虹。

塔加海滩

从喷水海岸出发，沿着天宁岛主公路前行，路过有名的塔加人酋长宫殿遗迹——距今已有3500年历史的塔加石屋，即可到达被视为曾经的塔加人酋长的私人海滩——塔加海滩，它是天宁岛上最大的海滩，这里的海水深浅不一，透明度极高，天气好时甚至可以看到海底，海底呈现的景色也各不相同，像是打碎的翡翠，不禁让人有种莫名的怜惜，不忍打扰，是不同水平潜水者的理想潜水地。

天宁岛乃至整个北马里亚纳群岛上的原住民都将拉提石视为神物，将其称为镇岛石柱。据说拉提石不能倒，否则将有大灾难来临。如今，拉提石又被赋予了新的神力，据说膜拜它，就可以保佑情侣们的爱情像镇岛石柱一样天长地久。

[喷水海岸]

在风浪大时，喷水海岸的潮水喷起的水柱最高达18米，相当壮观。喷水海岸地形复杂，有非常坚硬的礁石，游客要选择鞋底较硬的鞋子保护自己的脚，防止被突出的礁石划伤。

天堂也不过如此

斐济珊瑚海岸

珊瑚海岸是斐济最美的海岸，也是当地最著名的景点之一，几乎所有来斐济的人都听说过它的大名，是当地不可错过的一道风景。

[绚丽的珊瑚]

第一个发现斐济的欧洲人是荷兰航海家塔斯曼，他于 1643 年到达这里，19 世纪上半叶欧洲人开始移入。

斐济人爱美，而且男人比女人更甚。这里的男人喜欢在身上佩戴琳琅满目的饰品，尤其是红色的扶桑花。斐济人不论男女，都爱将这种火红色的花朵插在头上，插左边表示未婚，插两边则表示已婚。

维提岛又名美地来雾岛，是南太平洋岛国斐济共和国最大及最重要的岛屿。斐济是世界上最东也是最西的国家，作为斐济主岛的维提岛，还是迎接全世界第一缕阳光的地方。

维提岛最值得驻足的地方并非城市，而是珊瑚海岸，它也是整个斐济最值得去的地方之一。

珊瑚海岸是一条沿着维提岛南岸，从辛加东加到太平洋港的长约 80 千米的海岸公路，穿过一片美丽的甘蔗田、松树农场。沿途风景优美，细沙遍布，海水湛蓝，珊瑚礁隐约可见，这里也是维提岛最美的海。

珊瑚海岸的珊瑚礁异常漂亮和丰富，与澳大利亚的珊瑚礁相比，这里显得宁静很多，也更神秘、更浪漫，随手一拍就是绝美的照片，不禁让人感叹：天堂也不过如此。

爱心海岛

塔法卢阿岛

塔法卢阿岛是一座私人的小岛，白色的沙滩、灿烂的阳光和蔚蓝色的海水一样都不少，从高空鸟瞰，小岛呈现为一个爱心形状，让人不得不惊叹大自然的神奇。

塔法卢阿岛是斐济西部马马努萨群岛中的一座岛屿，由于远古地壳的运动，使它呈现为一个饱满的爱心形状，因此它也被称为"心形岛"。

塔法卢阿岛是一座面积只有 0.12 平方千米的小岛，整座小岛被 360 度无死角的翡翠色大海包围，海滩上白沙细软，椰林摇曳，充满了大自然的气息。

塔法卢阿岛被誉为斐济的"海洋之心"，远离陆地，离维提岛很近，岛上生活设施齐全，游泳池、温泉浴场、健身设施、网球场、餐馆、酒吧等一应俱全，岛周围珊瑚礁密布，适合冲浪、钓鱼和浮潜。

[塔法卢阿岛]

几年前，塔法卢阿岛被放在淘宝网站上拍卖，起拍价仅 1 元人民币，最终这座心形岛被中国人以 500 万元人民币拍下，获得 99 年的使用权。

轮廓分明的半月形海湾
酒杯湾

这是一个以弧形的海岸线将绵延的白沙滩围成酒杯形状的海湾，海浪翻滚着涌上沙滩，浪吻白沙，宛如酒杯沿上的泡沫，被誉为塔斯马尼亚"最不可错过的景点"，是澳大利亚最美的景观之一。

[海浪宛若酒杯沿上的泡沫]

[酒杯湾的彩色花岗岩]

塔斯马尼亚州是澳大利亚 6 个州中最小的一个，号称"天然之州""苹果之州""假日之州""澳大利亚版的新西兰"等，以秀丽风光和朴素人文而闻名，最早由荷兰航海家塔斯曼发现。

关于酒杯湾名字的另一个传说

酒杯湾名称的由来有很多种说法，其中有一种说法还隐藏了一段人类黑暗的捕鲸历史。相传，在 19 世纪 20 年代，这个海湾内有大量的鲸，吸引了大量的捕鲸船来此，他们追赶着鲸，并用钢叉捕捉，鲸的血液染红了海面，使整个海湾像是一个盛满红酒的酒杯，因此得名酒杯湾。

酒杯湾位于澳大利亚塔斯马尼亚州的东海岸，是菲欣纳国家公园的一部分，距离霍巴特市 200 多千米，被粉红色与灰色大理石峰相间的赫胥斯山环抱。

"世界十大最美海滩"之一

酒杯湾的湾口稍小，湾底较大，是一个原始而纯净的海岸，仿佛一个轮廓分明、晶莹剔透的酒杯，碧蓝的海水就好像盛在酒杯里的清凉的啤酒，绵延雪白的沙湾宛如酒杯沿上的泡沫。远远望去，酒杯湾中波光潋滟，景色十分迷人，它是塔斯马尼亚东海岸一颗耀眼的明珠，并多次被评为"世界十大最美海滩"之一。

最不可错过的景点

从菲欣纳国家公园入口处，沿着公园600多级忽上忽下的台阶，可爬上赫胥斯山顶，这里有个观景台，在此可以欣赏粉红色的花岗岩，还可以俯瞰山脚下精雕细琢、绵延30千米的酒杯湾，美妙弧度的酒杯、缤纷的色彩、纯白的沙滩卧于群山之中，碧海无迹，波涛翻滚，被翠绿的树林环抱，海风徐徐，林涛阵阵，蓝天白云倒映在海面上，尽显大海的狂野和宁静，煞是漂亮。

[袋鼠]

在通往酒杯湾观景台的途中会遇到很多袋鼠，它们一点儿都不怕人，而且会很友好地来到人们身边，期待人们赏赐一两口食物。

惊奇之旅

酒杯湾的白沙、海水、粉红色的花岗岩辉映成趣。漫步在纯白的沙滩上，吹着徐徐海风，海浪轻拍着脚丫，可以一边寻找形状各异、多姿多彩的贝壳，一边安静地欣赏壮丽旖旎的海岸景致。这里的一切都未经人工雕琢，既没有如织的游客，也没有人为设置的沙滩椅等。在此，除了可以欣赏摄人心魄的美景之外，还可以选择钓鱼、航海、丛林漫步、游泳、潜水、橡皮艇、海上划艇、攀岩等活动，无论选择什么，都是一次惊奇之旅。

酒杯湾所在的塔斯马尼亚州的气候温和宜人，被称为"全世界气候最佳温带岛屿"。其四季分明，各有特色。

春季（9月、10月、11月），凉爽清新，绿意盎然，是天地万物苏醒重生的季节，最高温度17℃，最低温度8℃。

夏季（12月、1月、2月），气候温和舒适，夜长日暖，最高温度21℃，最低温度12℃。

秋季（3月、4月、5月），平和清爽，阳光普照，最高温度17℃，最低温度9℃。

冬季（6月、7月、8月），清新凉爽，山峰都布满了白雪，最高温度12℃，最低温度5℃。

[酒杯湾晚霞]

地球上最热烈的石头乐园

火焰湾 ∵∷∶

一片纯白的绵延沙滩、一湾清澈湛蓝的海水、一堆堆如火焰燃烧的岩石，这些便是火焰湾最显著的标志。

[火焰湾美景]
宁静的火焰湾有世界上最热烈的石头。

[火焰湾爬满红色地衣的岩石]

火焰湾位于澳大利亚塔斯马尼亚东北海岸圣海伦斯的北部，绵延 29 千米，由一连串拥有洁白细沙的极品海滩组成。

火焰湾名字的由来

1773 年，英国航海家（殖民者）托拜厄斯·弗诺在一次航行中，远远看到塔斯马尼亚岛上这个通红的海湾，以为是原住民因发现了他们而燃火以示警告。托拜厄斯·弗诺小心地靠岸后，才发现那原来是海岸岩石上爬满的橙红色地衣，虚惊一场，于是便将这个海湾命名为"火焰湾"。另外一个说法认为殖民者确实看到了原住民在垦荒而烧荒地，

大火映红了半边天，所以叫火焰湾。

[火焰湾美景]
海边都是大块的橙红色石头，仿佛燃烧着的火焰一般，围着钴蓝色的海水。

岩石看上去是火红色的

火焰湾拥有纯白的沙滩，却因为火红色的花岗岩而闻名，这些花岗岩本身并非火红色的，而是因为海滩周边的岩石和岬角上到处都爬满了橙红色地衣，使岩石看上去是火红色的，尤其在阳光的照耀下，色彩变得格外鲜明，更像是火在燃烧一般。

绝美沙滩

火焰湾被潟湖环抱，水很浅，而且清澈见底，从远处到近处呈不同深度的蓝色，再配以岸边火红色的岩石，如此鲜明的红、蓝色彩对比，带给人不一般的视觉享受。

[火焰湾]
火焰湾以白沙、红岩和湛蓝海水而著称。细腻的白沙如同面粉一样，而沙滩周边的岩石和岬角上到处都是标志性的橙红色地衣。

在火焰湾极静、极净的海边，晒日光浴、漫步海滩、冲浪踏水、捡贝壳、篝火露营等，都能让人沉醉其中，从而放慢旅行的脚步，细细品味澳大利亚的悠闲假日时光，火焰湾也因此被评为塔斯马尼亚最棒、最美的沙滩，也是澳大利亚最值得去的海湾。

世界上最奢侈的海滩

贝壳海滩

这是一个特别的海滩，不以沙子细腻、柔软和色彩迷人而闻名，而是堆满了贝壳，被誉为"世界上最奢侈的海滩"。

[鲨鱼湾美景]

鲨鱼湾是澳大利亚最大的海湾，面积大约为 2.3 万平方千米，有超过 1500 千米长的海岸线。

[指甲盖大小的贝壳]

整个海滩上都是指甲盖大小的贝壳，掺杂着风化了的贝壳粉。

贝壳海滩坐落于澳大利亚的最西点，是鲨鱼湾绵延 1500 千米的海岸线上的一处海滩，距离鲨鱼湾的主要城镇德纳姆约 45 千米。

当之无愧的名字

贝壳海滩是一个小海湾，大海入口处较高，海湾内地势较低，海水只进不出，炎热、干燥和多风的气候使海湾内的海水蒸发率很高，而且这里降雨量很少，几乎没有淡水补充，导致这里的海水盐度比一般地方的高出两倍，为贝壳们创造了最天然的繁育温床，它们在这里自由、任性地生长，迅速繁衍，在这个高盐度的环境中出生、死去，无数次生命的循环后，最终整片海滩的沙

子都被贝壳取代，因此获得"贝壳海滩"这个当之无愧的名字。

[贝壳海滩]

绵延 110 多千米的沙滩全是由洁白的贝壳堆成的。

世界上最奢侈的海滩

贝壳海滩上的贝壳堆积如山，绵延 110 多千米，其中贝壳堆积高度达 7 ~ 10 米的主要海滩就有 60 千米，整个海滩由几十亿个贝壳经过 4000 多年的累积而成。远远望去，贝壳海滩就像是被洁白的雪花覆盖一样，因而成为澳大利亚最白的海滩之一，被誉为"世界上最奢侈的海滩"，是世界上三大完全由贝壳形成的海滩之一。

在贝壳海滩入口的地方有一个牌子，提示大家这里的贝壳是不能带走的，作为鲨鱼湾的一部分，贝壳海滩已被联合国教科文组织列入世界自然遗产名录，以便更好地保护这片白色的海滩。

[鸟蛤]

贝壳海滩上的大部分贝壳都是鸟蛤。

1991 年，鲨鱼湾被联合国教科文组织列入世界自然遗产名录，这里有自然造物的美景、多样丰富的生态环境，还有全球罕见的庞大的儒艮种群。

世界上只有三个贝壳海滩：除了鲨鱼湾以外，一个在加勒比海的圣巴特斯岛；另一个在中国无棣。

[贝壳灰岩]

贝壳海滩上的贝壳经过几千年的变迁、挤压，有些已经形成了贝壳灰岩，当地居民曾经以海滩上的贝壳灰岩为材料建造房子等，现在已经被严格禁止。

澳洲最大的一个粉红湖

赫特潟湖

赫特潟湖是一个梦幻般的潟湖，湖水从肉粉色到粉紫色再到红色，变化万千，呈现一种渐变而多元的色彩，让人迷醉。

[乔治·格雷]

乔治·格雷（1812—1898 年），英国军人、探险家。曾任南澳大利亚州的州长、新西兰总督、开普敦总督、新西兰总理。

[一边是蓝色，一边是粉色]

赫特潟湖位于澳大利亚的西澳大利亚州中部印度洋沿岸，距离西澳大利亚州首府珀斯约 520 千米车程，是西澳大利亚州三个粉红湖之一。

粉红色的潟湖

1839 年 4 月 4 日，这个奇特的潟湖被英国军人、探险家乔治·格雷发现，并以西澳大利亚州第二任州长约翰·赫特的兄弟、国会议员威廉·赫特的名字命名。

在大部分人的认知中，潟湖应该是深浅不一的蓝色、浅蓝、深蓝、湛蓝交替混合，格外的迷人，而赫特潟湖却打破了人们的常识，这里的湖水呈现玫瑰般的粉红色，而且满眼都是不同的粉红色，由近而远、由浅而深，让人迷醉，是西澳海岸线上不可多得的神奇湖泊，也是澳洲最大的一个粉红湖。

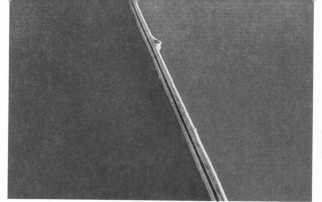

[赫特潟湖红得诱人]

[不同程度的粉色]

一边是蓝色，一边是粉红色

赫特潟湖长约 14 千米，宽约 2 千米，面积约 25 平方千米，是一个沿西北到东南方向、平行于印度洋的狭长形低洼湖泊。其西岸由一系列宽 0.3～1 千米、高矮不等的海滩、沙丘与印度洋隔开，东岸为内陆高地，高大约 100 米，其中包括 8 千米长的悬崖，从空中鸟瞰，一边是蓝色的海洋，一边是粉红色的赫特潟湖，中间是白色的沙带，景色非常壮观。

颜色会随盐度变化而改变

赫特潟湖的湖面低于海平面，西岸由一系列的海滩、沙丘把它与印度洋隔开，形成一个封闭的湖泊生态系统。湖中生长着大量生产 β－胡萝卜素的藻类，增加了湖水的盐度，因丰富的藻类和较高的盐度，使湖面呈现明亮、美丽且娇羞的粉红色，像一位羞涩的新娘。不过湖水的颜色也不会总是粉红色，它会随着时间和潟湖的含盐度变化而改变颜色。雨季到来时，湖水盐度下降，湖水颜色会变淡，甚至变成淡绿色；旱季时盐度则飙升，湖水甚至会被晒干，变成盐湖，没晒干部分的颜色更加红得诱人。

[赫特潟湖]

在干旱季节，水分蒸发后的赫特潟湖就变成白色的盐田了。

> β－胡萝卜素和相关的类胡萝卜素，如番茄红素（西红柿中含有）和叶黄素一样，是一种强有力的抗氧化剂。赫特潟湖中的 β－胡萝卜素的浓度不仅将潟湖的水变成粉红色，而且促进了该地区的商业活动，人们养殖喜盐藻类以提取 β－胡萝卜素，用于生产涂料、化妆品和维生素 A 补充剂。

[赫特潟湖美景]

赫特潟湖的水源补充主要来自稀少的降雨、地表径流（来自东部高地的几条小溪流），以及地下水的渗流（特别是沿海沙丘）。

正在消失的风景

十二门徒岩 ⋮⋯⋯

十二门徒岩巍峨巨大，在惊涛骇浪中巍然屹立，如同一位位顶天立地的巨人，气势磅礴，十分扣人心弦。这里美得让人想跳下去，难怪海岸边有警告牌：到此为止，别太亲近了。

[十二门徒岩]
如今的"十二门徒"只残留了7个，其他5个在海水常年的侵蚀和冲刷下相继"殉教"。但这个大自然奇观还是给人们带来了惊奇。

十二门徒岩位于澳大利亚维多利亚州大洋路边的坎贝尔港国家公园中，已经在海岸旁屹立了2000万年，它由几亿块小石头聚积而渐渐形成，原本埋藏在海底，后来强烈的海潮和风浪使这些岩石露出水面，成为现在著名的十二门徒岩。

大洋路最大的亮点

通往十二门徒岩的必经之路——大洋路，被称为"世界上风景最美的海岸公路"，其建于悬崖峭壁中间，依山傍海，蜿蜒曲折，气度不凡，一侧是澎湃汹涌的大海，另一侧则是郁郁葱葱的青山。

蜿蜒绵长的大洋路美景迭出，沿途集合了壮丽的海景、历史性的沉船、被风沙侵蚀的石灰崖、悠闲的田园牧场，还有茂密的热带雨林、可爱的野生动物、满眼的

[十二门徒岩]

奇花异草、幽静的山中小镇……而十二门徒岩是大洋路上最大的亮点和最美的景观。

酷似耶稣的十二门徒

十二门徒岩坐落于大洋路尽头的坎贝尔港小镇附近，突出于南太平洋中，十二块经过千百万年的风化和海水侵蚀而成的石灰岩，伴着零星的碎石块，巍然屹立于大海上，错落有致，姿态各异，因为它们的数量和形态，恰巧酷似达·芬奇画作《最后的晚餐》中的耶稣的十二门徒，因此人们就以《圣经》故事里的十二门徒为此地命名，这是世界上闻名遐迩的海岸景致。

当万丈霞光从十二门徒岩的石柱间穿过，照射在经受了千百万年的风霜与沧桑的悬崖与海岸植物上时，美不胜收。十二门徒岩会随着日出或日落而逐渐变幻，或是深沉辉煌或是沧桑悲壮，令人心潮澎湃。尤其是随着阳光西移，沐浴在夕阳下的十二门徒岩高矮不一、错落有致，恍如一群日落而息的渔人，朝着远方缓缓前行。

消失的"门徒"

十二门徒岩并不是永恒不变的，由于海潮的常年侵蚀，海岸正在慢慢地变化，时常有小岩石坠落，近几十年发生了几次十二门徒岩崩塌的事件，如今只剩下 7 个"门徒"了，其中东边海湾 2 个、西边海湾 5 个。也许某一天，这些剩下的"门徒"也会逐渐消失在海侵风蚀中。

[《最后的晚餐》油画]

《最后的晚餐》是意大利艺术家达·芬奇创作的，以《圣经》中耶稣跟十二门徒共进最后一次晚餐为题材。画面中人物的惊恐、愤怒、怀疑、剖白等神态，以及手势、眼神和行为，都刻画得精细入微，惟妙惟肖，是所有以此题材创作的作品中最著名的一幅。

[十二门徒岩]

由于海浪对这些石灰岩的侵蚀程度达到每年 2 厘米，导致旧的"门徒"不断倒下，而新的"门徒"不断形成。十二门徒岩终有一天会消失殆尽，但在那之前，它们还将屹立几百年，甚至几千年。

波涛汹涌中的天然避风港

洛克阿德大峡谷

　　洛克阿德大峡谷的地理环境独特，峡谷内外如同两个世界，峡谷外海浪凶猛，岩石被海水和海风侵蚀得千疮百孔，透着淡淡的悲凉；峡谷内是被重山环抱的平静大海和松软的海滩，处处透着温柔，是一处天然的避风港。

[洛克阿德大峡谷观景台]

这片海滩被锁在一个封闭的"大院子"里，对面是高高的峭壁，只有一个狭小出口通向外部世界。

　　洛克阿德大峡谷位于澳大利亚维多利亚州大洋路上的坎贝尔港国家公园，距离十二门徒岩约 2 千米，它气势磅礴，是大洋路最美的地方之一。

巨大的岩石围成的海湾

　　洛克阿德大峡谷是以澳大利亚 1878 年著名的洛克阿德沉船而命名的，也被称为沉船谷。

[洛克阿德大峡谷峭壁]

[狭小出口通向外部世界]

到洛克阿德大峡谷第一眼看到的就是由两块巨大的岩石围成的海湾，在两块巨石之间有一道狭小的缝隙（峡谷）与外面的海洋连通，每当涨潮、退潮，汹涌的海水不断冲击缝隙，发出让人震撼的声响，因此这个缝隙（峡谷）被称作雷声洞穴，这是洛克阿德大峡谷中最有名的景点。

[洛克阿德大峡谷下的海滩]

洛克阿德大峡谷的栈道中有一个地方可以下到海滩上，峡谷中的海滩是大洋路最美的地方之一。

非常美丽的海滩

洛克阿德大峡谷内是一片开阔地带，悬崖上有很多

[洛克阿德大峡谷中的溶洞]

[被悬崖包围的沙滩]

[汤姆和伊娃——剧照]

洛克阿德大峡谷海滩上的黑、黄两块石头非常受人喜欢，这两块海中巨岩之前是连在一起的拱门，但是十几年前坍塌了，留下两块独立的岩石，如今被命名为汤姆和伊娃。

栈道，每条栈道1～2千米长，都标记了游览路线和相对应的时间。峡谷四周是一片地势险峻的海岸，每一处都是不一样的悬崖峭壁，环抱着非常美丽的海滩。这里是一个天然避风港，不但没有大风大浪，海风也格外的温柔，沿着松软的海滩向下便是湛蓝的大海，向上一直延伸到一个大溶洞内，洞内的石钟乳从洞顶垂下，布满整个穹顶，大自然的神秘与壮美在此一览无遗。

[关于沉船的介绍]

"洛克阿德"号海难

1878 年，19 岁的水手学徒汤姆·皮尔斯和随同家人移民澳大利亚的 19 岁爱尔兰女孩伊娃·卡迈克尔等 54 名乘客及船员，乘坐"洛克阿德"号由英格兰出发前往墨尔本，船行至洛克阿德大峡谷附近时遭遇海难，船只沉没后，汤姆被大浪冲上峡谷岸边，并在听到同船的伊娃的呼救声后救起了她，随后汤姆爬出峡谷，向当地人发出了求救信号，两人因此得救。

后人为了纪念"洛克阿德"号上的遇难者，修建了 52 座坟墓，并将这个地方起名为洛克阿德大峡谷。

汤姆是位航海爱好者，虽然经历了"洛克阿德"号海难，但他还是继续选择航海，并在后来的一次航海中不幸遇难，而幸存的伊娃则活到了 80 多岁。

奇怪的大圆石头蛋

摩拉基大圆石

摩拉基大圆石毫无规则地散落在可可西海滩上，随着潮水或显现或隐没，或半露于水面，仿佛是顽皮的巨型"恐龙蛋"，让每一个访问者都倍感不可思议，为之感叹。

[海滩上凌乱散落的大圆石]

摩拉基大圆石位于新西兰南岛的奥马鲁和但尼丁之间的可可西海滩，距离奥马鲁38千米，是一个颇为神奇的景点。

像是一片巨大的恐龙蛋

在绵长的可可西海滩上有50余个巨大的圆形石头，凌乱地散布着，远远看上去就像是一片巨大的恐龙蛋，形成了

[奥马鲁城市建筑，足以证明其曾经繁华过]

奥马鲁是位于太平洋东岸的一座小城，在19世纪晚期，奥马鲁因淘金、采石和木材加工而风生水起并繁荣一时，但时过境迁，现在这里变得有点萧条和冷清。

一道独特而亮丽的自然景观。

　　没有人知道这些圆石经过了多少年的岁月洗礼，它们趴在沙滩上，任由海水起伏、拍打，形成各有特色的圆蛋，有的是中空的，有的中间是非常坚硬的化石，有的呈网状结构，有的光滑无比，有的则已然开裂，看上去像龟背一般……

　　摩拉基是一个能让人完全沉静下来的小渔村，依海而建，宁静怡人。

[一排大圆石]

未解之谜

　　摩拉基大圆石直径最大的达 2 米，最小的也将近半米，这些形状怪异的圆石外壳是一层十几厘米厚的石灰岩，里面则是黄褐色的结构。关于它们的"身世"，科

[破裂的大圆石]

[网状纹大圆石]

学家认为它们只是经过长久风化形成的结构奇特的大石头，这些大圆石至少形成于400万年前，有的学者则认为它们形成于6500万年前，但具体如何形成的则众说纷纭，仍是个未解之谜。

魔鬼船的古老传说

科学不能完全解释的事物，总会被神奇的故事诠释。按照毛利人的古老传说，很久以前，有一艘满载着葫芦、红薯、鳗鱼篓等货物的独木舟魔鬼船（也有人说是巨大战舰），行至可可西海滩附近的摩拉基时，被风浪打沉，船上的葫芦、红薯、鳗鱼篓等被海水冲上海滩，变成了巨大的圆石，而被海浪打散架的独木舟的龙骨，则变成了曲折的海岸线，船的身体则变成了周边隆起的海岬。

在日出或日落之时，摩拉基大圆石在阳光照耀下熠熠生辉，璀璨夺目，吸引了无数远道而来的游客来此寻幽探秘。

事实上，摩拉基大圆石并不是世界上唯一的，地质学家已经在其他地方也发现了类似的现象。比如，新西兰北岛赫基昂加港的沙滩上也有，最大的直径足足有3米；美国北达科他州的坎农博尔河沿岸，也发现了这样大型的球形结核，最大的直径达3米；犹他州东北部和怀俄明州中部发现的球形结核直径则达到了4～6米。

毛利人是新西兰的原住民。在毛利语中，"Māori"这个词其实是"正常"或"普通人"的意思。

[摩拉基大圆石]

悉尼最上镜的海滩

小姐湾海滩

　　这是一个隐秘的白沙滩，是澳大利亚有名的天体海滩之一，海滩背靠开满了黄色野花的岩石，充满淡淡的花香，原始的粗犷和现代的浪漫在这里展现得淋漓尽致。

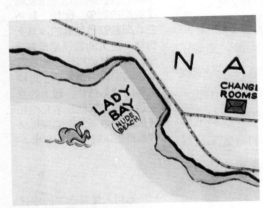

[招贴中的小姐湾海滩]
图中光屁股人物所在位置就是小姐湾海滩的位置，蓝色为海，对岸即是悉尼塔。

[从小姐湾海滩远眺悉尼塔]

　　小姐湾海滩又名淑女海滩，是澳大利亚悉尼东部屈臣湾中的一个隐秘且不显眼的沙滩，也是澳洲历史上最悠久的开放式天体海滩，在 20 世纪 70 年代，由澳大利亚总理宣布其为合法的天体海滩。

最受欢迎的"裸晒"地之一

　　小姐湾海滩的面积不大，位置很隐秘，在澳大利亚乃至全球的知名度却很高。从悉尼歌剧院前的环形码头驾车途

[小姐湾海滩]

[小姐湾海滩指示牌]

经屈臣湾，然后进入一条沿海小道，一直前行便可以在路边看到一块木制指示牌，小姐湾海滩就在指示牌下面的隐秘处。这里的环境非常漂亮，有绝美的海洋风光，被誉为"悉尼最上镜的海滩"。

天体海滩

小姐湾海滩的知名度很高，这里不仅有众多年轻人，还有老人、孩子，甚至连挺着大肚子的孕妇都会来此凑热闹。在这里，人们可以褪去衣物，露出光滑美丽的胴体，完全卸下伪装，与大自然融为一体；或站在碧蓝的海水中，翘首眺望远处的悉尼塔风光，令人忍不住沉沦在这旖旎的风光中。

来小姐湾海滩的都是正宗的天体客，但是总不乏好奇之人和记者来此采访，被访者赤身裸体地面对镜头侃侃而谈，完全不介意别人的品头论足，可见"裸"的境界之高深。

[悉尼塔]

上帝的水下"藏宝箱"

百年干贝城

百年干贝城是一个潜水胜地，这里汇集了世间罕见的百年巨型贝壳，它们藏在珊瑚丛中，让每个潜水者都不禁感叹水下世界的独特魅力。

[俯瞰帕劳]
从空中俯瞰整个帕劳的岛屿及潟湖，其景色壮美，色彩斑斓。

[砗磲]

穿过帕劳一座又一座蕈状的岛屿，百年干贝城就隐身于美丽的巴伯尔图阿普岛旁。

百年干贝城

干贝城又称巨蚌城，这个风光旖旎的水域中生存着许多大型的贝类，有像小桌子一般大小的砗磲，有超过1米长的巨型干贝，甚至还有长度相当于一个成人身高的干贝，这些生长了上百年的巨型干贝，零星或者三五成群地躺在海底的白沙上。其中砗磲是百年干贝城众多贝类中最出名、世界上最大的海洋双壳贝类，被誉为"贝王"。

有趣的浮潜景点

百年干贝城是一个十分有趣的浮潜景点，浅水处多为沙底，较深处则是珊瑚，上百个色彩斑斓、大而厚的巨型贝类错落有致地散布其间，其外观奇特而艳丽，安静生活在清澈通透的海水中，使人情不自禁地惊叹这些贝壳的硕大，除此之外，百年干贝城水下还有成百上千种不同的海底生物，让每个探索海底奥秘的人，都会感叹海洋生物的独特魅力，是帕劳群岛最不可错过的奇特景观。

[巨型红色砗磲]

百年干贝城的贝壳虽然年岁很高，但它们巨大的壳依然灵活无比，因此，在潜水靠近它们时，千万不要随意触摸，否则会有被夹住而无法脱身的危险。

帕劳是太平洋岛国中最富有的国家之一。

[干贝城潜水]

砗磲是稀有的有机宝石，其白皙如玉，也是佛教圣物。砗磲是海洋贝壳中最大者，直径可达 1.8 米。砗磲一名始于汉代，因其外壳表面有一道道呈放射状的沟槽，其状如古代车辙，故称车渠。后人因其坚硬如石，在车渠旁加石字。砗磲、珍珠、珊瑚、琥珀在西方被誉为"四大有机宝石"，在中国佛教中与金、银、琉璃、玛瑙、珊瑚、珍珠一起被尊为"七宝"。

水中的七彩祥云

水母湖

水母虽然长相美丽，但是它细长的触手却能够射出毒液，稍不小心就会被蜇伤，然而，帕劳水母湖中的水母却是罕见无毒的，因此成了帕劳的热门旅游景点。

据说第二次世界大战时期，日本的侦察机低空飞过水母湖上空，发现湖中有大量金黄色的东西，以为是黄金，就派人来调查，结果发现了这种金黄色的生物，给它们起了一个响当当的名字——黄金水母，水母湖就这样被公之于世，每年吸引着大量世界各地的游客前来游玩。

水母湖坐落于帕劳群岛中有名的洛克群岛深处一座叫作埃尔·马尔克的岛上，因湖中有数以万计不同种类的水母聚生在一起而得名"水母湖"，这是帕劳最著名的景致之一，也是帕劳的镇国之宝，在全世界享有盛誉。

无毒黄金水母湖

水母湖曾是海洋的一部分，大约 1.2 万年前，由于地壳隆起，使埃尔·马尔克岛高出海平面，岛屿中部下陷，逐渐将它与外海隔绝，形成了一片与世隔绝的水域，只有涨潮时，上层水面才会透过珊瑚礁的缝隙与大海相通，退潮后就完全隔离于大

[鸟瞰水母湖]

[成群的黄金水母]

[黄金水母]

海之外，因此，整座湖几乎维持着死水的状态，湖中的大多数海洋生物因为水中的养分日渐消耗而消亡殆尽，唯独留下了可以自行进行光合作用的水母，它们不需要猎食，也没有天敌，慢慢地触须都退化了，成为无毒水母。而且每一只水母的颜色都是迷人的金黄色，因此，这里成了世界上独一无二的无毒黄金水母湖，是帕劳最令人神往的自然景观之一。

有几分来到仙境的错觉

从帕劳首府科罗尔坐船大约 30 分钟，即可到达埃尔·马尔克岛海岸。帕劳当局非常重视保护自然生态，即便是水母湖这样的知名景点，也没有专门铺设道路，要想欣赏世界上罕见的无毒黄金水母需费点力气。

[通往水母湖的步道]

到达埃尔·马尔克岛后，需要沿着山路穿过绑着黄色布条的树林，这些绑着黄色布条的树是有毒的，因此登山时需要特别小心。攀爬过一个珊瑚礁形成的小山头后，水母湖就在山坳之中。

水母湖只有几个游泳池那么大，湖边耸立着高大的红树林，其根系直接深入湖底。透明如镜般的湖水中偶尔有几条小鱼游过或是水母如仙女般飘过，几缕阳光透过树林，射进水面，温柔地散射在水底，美得不像是现实，让人有几分来到仙境的错觉。

帕劳群岛珊瑚礁研究基金会的科学家们调查估计：湖中的黄金水母数量从 800 万只猛降到了 60 万只，而且数量还在持续下降。

水母大量集中在湖中央

水母湖并不深，只有 20 米左右，但是站在岸边却很难见到大量的水母，需轻划船或者潜水到达湖的中部，大量的水母都聚集在这里。尤其是在中午，在阳光映照下，成群结队的水母会从幽寂、黑暗的湖底升腾而起，进行光合作用，只见水面上密密麻麻的水母一闪一闪地泛着金光，十分耀眼壮观。它们的伞帽一张一合，触须一伸一缩，旁若无人，悠然自得，全然不理会闯入这里的"不速之客"。

水母湖中据说曾生活着数百万只水母，它们是藻类的宿主，通过与藻类形成的共生关系生存。在大约每 10 年出现一次的厄尔尼诺现象影响下，水母湖温度升高，导致水母大面积死亡，如今它们的数量已大为减少。

[水母湖]

帕劳共有 5 个无毒水母湖，出于保护目的，仅有一个对游客开放。

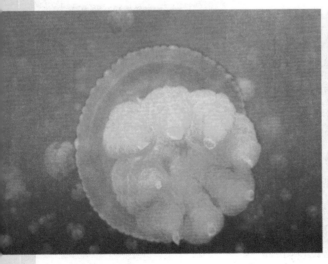
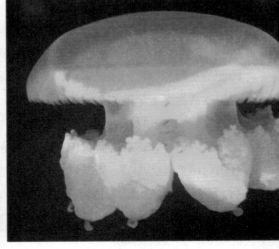

[黄金水母]

水母是水生环境中重要的浮游生物，早在 6.5 亿年前就存在了，它的出现甚至比恐龙还早。水母在运动时利用体内喷水反射前进，远远望去，就像一把把圆伞在水中迅速漂游；有些水母的伞状体还带有各色花纹，在蓝色的海洋里，这些色彩各异的水母显得十分美丽。

最美日落、日出

情人崖

对相恋中的人来说，买一把爱情锁并签上两人的名字，将锁头锁在情人崖的栏杆上，是一件相当浪漫的事。

关岛最美也最让人身心放松的地方莫过于美丽的杜梦湾，而杜梦湾最值得去的地方就是情人崖，这里是关岛观日的最佳地点之一，不论是海上日落还是日出都很美，仁立在情人崖上，海风阵阵，天地间只有蓝色的海水和美丽的彩霞，海上波涛阵阵，景色十分壮观。

凄美的爱情

在杜梦湾呈弯月状、长达 4 千米的海岸线北端，有一个突出海面的断崖，其海拔 123 米，是关岛最具人气的观光景点——情人崖，在此处可远眺一览无余的碧蓝

[查莫罗人草屋]

关岛拥有 4000 多年的历史，查莫罗人约在 3500 年前到此定居，他们皮肤黝黑，身材高大，是这里最早的原住民。

[情人崖的观景台]

[情人崖上的同心锁]

[情人崖雕塑]

关于情人崖的另一个传说：原住民查莫罗人的首领看中了一位少女，想娶她为妻，少女为了逃避逼婚，与恋人私奔，被首领追逼至悬崖，从而双双跳下悬崖。

[情人崖]

大海，更可以尽览整个杜梦湾海岸线的美景。

情人崖又叫恋人岬、青丝崖，有一个凄美的爱情故事：相传，在西班牙统治关岛时期，有一个富有的家庭生活在首都阿加纳，丈夫是西班牙贵族，妻子是查莫罗酋长的女儿，他们有一个美丽的女儿，女孩的父亲将她许配给一位西班牙军官，但是女孩却早已和当地的一位查莫罗青年恋爱，女孩的父亲强迫她与恋人分开，这对恋人无奈之下，将头发系在一起，从断崖携手跳进蔚蓝纯洁的大海，直至死也不愿分离。

情人崖上锁爱情

此后，情人崖就成了恋人们约定终身的地方。据说在情人崖上买一把爱情锁并签上两个人的名字，将锁头锁在情人崖的栏杆上，然后将钥匙丢进大海，再一起敲响情人钟，便能使爱情长久。在旁边的教堂内还能购买恋人纪念币，很有纪念价值。

南极洲篇

最接近天堂的地方

天堂湾

这是一个纯净得发亮的港湾，到处闪耀着晶莹的色彩，让人疑似来到了仙境，千百年来，天堂湾就这样向人类展示着迷人的风采和绝世的美丽。

[天堂湾美景]

《南极条约》规定，人类不能主动去触碰这里的企鹅，需与它们保持至少 5 米的距离，但如果是企鹅主动靠近人类的话倒是允许的。

[阿根廷已经被废弃的科考站]

1951 年阿根廷建立的"布朗海军上将站"，但已经被废弃多年了，只有紧急情况时才会启用。

天堂湾被千年冰川、悬崖峭壁和雪山环绕，是南极洲最著名的景点之一，也是南极最早有人探险的地方，这里曾是阿根廷南极科考站的所在地。

地球的最南端

南极洲孤独地位于地球的最南端，95% 以上的面积被厚度极高的冰雪所覆盖，酷寒、烈风和干燥是南极洲的典型气候特征，全洲年平均气温为 −25℃，内陆高原平均气温为 −52℃左右，最低气温曾达到 −89.2℃，植物在这样的环

境下难以生长，只能偶尔见到一些苔藓、地衣等。

天堂湾安静得就像诗中所说的"不敢高声语"，正是因为这片宁静，让在此生活的人感觉到自己的多余，甚至被这片寂静逼疯。曾位于这里的阿根廷南极科考站，就被一位随队医生一把火付之一炬，起因只不过是让他继续在科考站工作一年。

天堂湾在历史上一直是捕鲸船的避风港和休憩的地方，有关南极的书籍中，总少不了关于它的传奇故事。捕鲸曾经是人们为获取高额利润，使用工具捕杀鲸提炼鲸油而采取的一系列活动。如今捕鲸已被禁止，但在南极一些岛屿上仍有当年所残留的船只及鲸骨。

[天堂湾]

天堂湾是南极的一大特色，这里水面平静，风浪极小，海水透明度非常高，经常会举行冰泳活动，一个猛子扎入冰凉的海水里，那感觉让人爽爆了。

[天堂湾冰川]

漂浮在海面上的冰块称为冰山，附着在陆地上的冰雪称为冰川。

[金图企鹅]

阿根廷被废弃的科考站如今已经被企鹅占据，成为它们的巢穴，这些企鹅群落中最多的就是金图企鹅。金图企鹅学名巴布亚企鹅，又名白眉企鹅，体形较大，身长60～80厘米，重约6千克，眼睛上方有一个明显的白斑，嘴细长，嘴角呈红色，眼角处有一个红色的三角形，显得眉清目秀。因其模样憨态有趣，犹如绅士一般，十分可爱，因而俗称"绅士企鹅"。

企鹅的天堂

在天堂湾安静的冰川雪地上，成群结队的企鹅俨然是这里的主人，它们或成双成对地在冰面上自由自在地晃来晃去，或一头扎进海水中戏水玩耍。

这里可以说是企鹅的天堂，它们一点儿都不惧怕人类，会面对游客的镜头做出呆萌的样子，甚至摇摇摆摆凑上去，东瞅瞅，西望望，有时还会啄啄游客的照相机或者衣角。

海洋动物的天堂

天堂湾是各种海洋动物栖息的天堂，这里不仅有企鹅，还有海狮、海豹和海狗等。海豹总是一副懒洋洋的模样，挺着鼓鼓的"啤酒肚"，躺在海滩或者冰床上，祖胸露乳地享受着太阳，面对拍照的游客，它们与企鹅

[懒散的海豹]

[南冰洋中的鲸]

不同，连眼皮都懒得抬一下。而海狗面对游客靠近时，会非常敌视，虽然它们的体形较小，但是却非常凶猛，总是露出尖牙做出要咬人的样子，不过只要游客一拍手，它们就会退到一边去。除此之外，天堂湾海面上还有各种各样的海鸟，海中还有悠然游弋的蓝鲸。总之，天堂湾是各种海洋动物栖息的天堂。

[天堂湾美景]

世界尽头的暴风走廊

德雷克海峡

德雷克海峡是世界上最危险的海峡，终年狂风怒嚎，曾让大量船只在此倾覆，但这里又是一个美丽的地方，令人惊叹的雪山、种类繁多的海洋生物，无不让这里充满了神奇的魅力。

[德雷克]

弗朗西斯·德雷克（1540—1596年），英国著名的私掠船长、探险家和航海家，据知他是麦哲伦之后第二位完成环球航海的探险家。1587年，英西海战爆发，德雷克在这次英国击败西班牙无敌舰队的战争中起到了至关重要的作用，他也因此被封为英格兰勋爵。

德雷克海峡位于南美洲最南端和南极洲的南设得兰群岛之间，以狂涛巨浪而闻名于世。其长300千米，宽900～970千米，平均水深3400米，最深5248米，太平洋和大西洋在这里交汇，是沟通太平洋和大西洋的重要海上通道之一。

[德雷克海峡两岸的山峰]

[德雷克海峡]

以英国海盗德雷克的名字命名

早在 1525 年，西班牙籍航海家荷赛西就发现了这条航道，并亲自驾船经过这个海峡，将海峡取名为 "Mar de Hoces"，可惜这个名字没有广为流传。

16 世纪初，西班牙占领了南美洲大陆，为了垄断与亚洲和美洲的贸易，西班牙封锁了麦哲伦海峡（这是当时已知的进入太平洋的必经之路）。英国海盗德雷克的船队在一次劫掠西班牙运宝船后，被西班牙海军追击而逃窜的过程中，无意间发现了这个海峡，为英国找到了一条不需要经过麦哲伦海峡进入太平洋的新航道，从此该海峡就以德雷克的名字命名。实际上，德雷克本人最后并没有航经该海峡，而是选择了较平静的麦哲伦海峡。

死亡走廊

风暴是德雷克海峡的主宰，这个终年狂风怒嚎的海峡也被称为 "暴风走廊"。德雷克海峡似

[德雷克海峡海面上掠过的海鸟]

德雷克海峡内的海水从太平洋流入大西洋，是世界上流量最大的南极环流的组成部分，流量达每秒 1500 万立方米。

麦哲伦海峡位于南美洲大陆最南端，由火地岛等岛屿围合而成。葡萄牙航海家麦哲伦于 1520 年首次通过该海峡进入太平洋，故得名。

乎聚集了太平洋和大西洋的所有飓风狂浪，几乎每一天的风力都在 8 级以上，历史上曾让无数船只在此倾覆，因此被称为"杀人的西风带""魔鬼海峡"，是一条名副其实的"死亡走廊"。

[德雷克海峡岸边的企鹅]

一切都美妙绝伦

世界各地有很多非常美丽的地方，但是能够让人在危险之中感受到美景魅力的地方却只有德雷克海峡。

德雷克海峡的水中富含磷酸盐、硝酸盐和硅酸盐，自北向南递增。这里是世界上已知的营养盐丰富、有利于生物生长的海区之一。海峡两岸有令人惊叹不已的巍峨雄伟的雪山，海水中常有海豹和鲸出没，在浮冰或岸边的岩石上常有阿德利企鹅怡然踱步，一切都美妙绝伦，企鹅声、海鸟声、海豹声，各种叫声此起彼伏，各种动物密密麻麻地遍布各处，令人惊叹于大自然的美丽与富饶！

[中国南极长城站]

长城站是中国在南极建立的第一个科考站，就在德雷克海峡的南极洲一侧。